JN418805

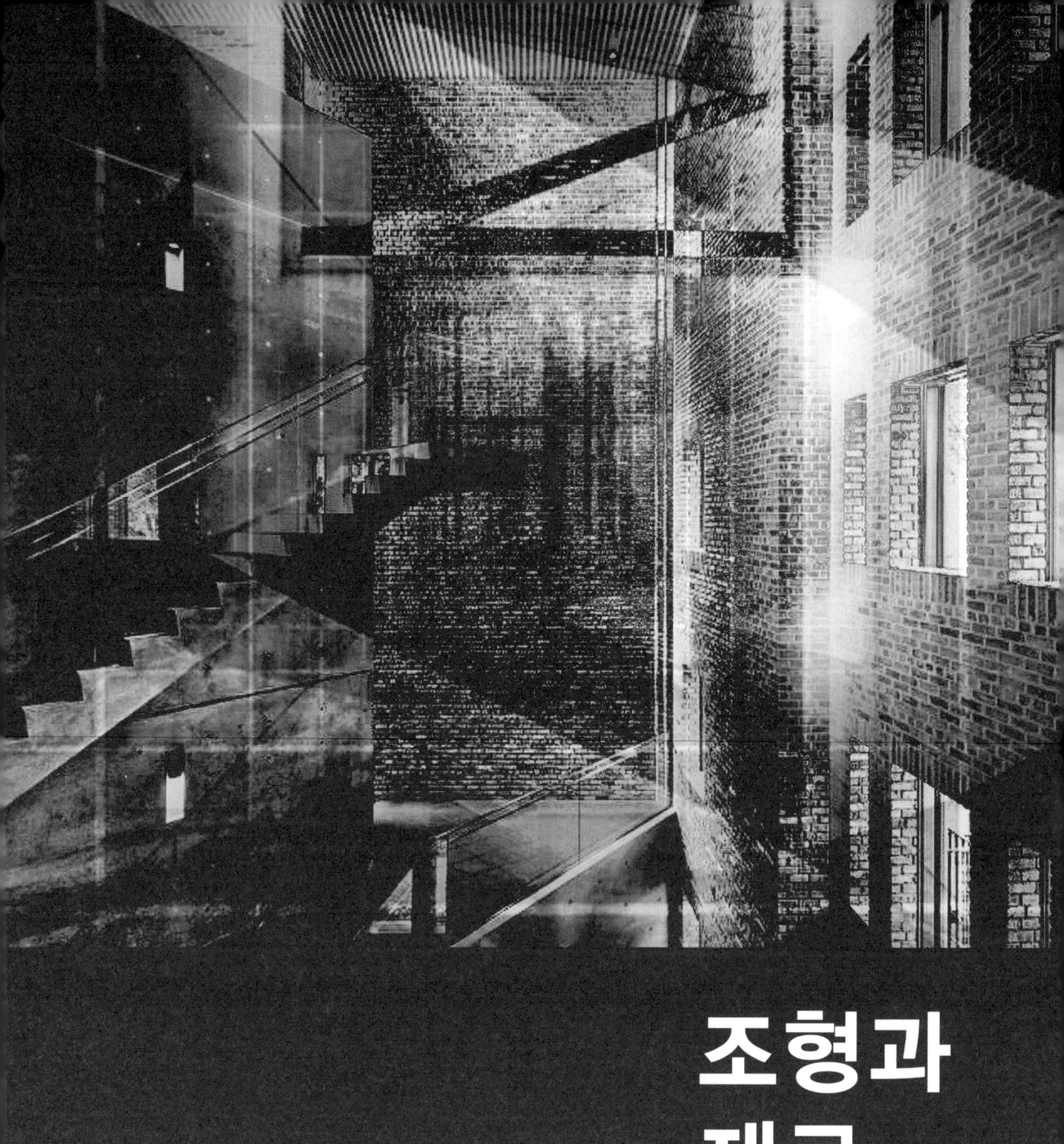

조형과 재료

Plastic and Material

조 지 연

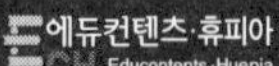

조형과 재료

Plastic And Material

조 지 연 · 著

에듀컨텐츠·휴피아
ECH Educontents·Huepia

What is Materials

Contents 목차

Chapter.1

WOOD

01 Wood
목재(Wood)와 역사

목재(Wood)란?

목재는 가구, 책상, 종이 등 생활 속에서 가장 친숙하고 유용하게 사용되는 소재이다. 목재는 소재로써 쉽게 가공되고 연료재로서 구입하기가 용이하여 건축 골조나 마감재, 가구까지 인테리어 전반에 두루 쓰이고 있다. 목재의 장점을 들면 가볍고 비중이 적은데 비해 압축강도 및 인장강도가 크고 가공성이 좋으며, 열전도율이 낮아 보온 · 방한 · 방서성이 뛰어나고, 음의 흡수 및 차단성이 클 뿐만 아니라 흡수조절 능력도 우수하다. 또한 온도에 대한 신축이 적고 탄성 · 인성이 크며, 충격 · 진동 등의 흡수성이 크고, 외관이 아름답고 자원이 광범위하여 공급이 풍부하다. 단점으로는 가연성, 부식성, 수분에 의한 변형과 팽창 · 수축이 크며, 재질 및 섬유방향에 따라 강도가 다르고, 크기에 제한받으므로 장대의 재료를 얻기 어렵다는 것을 들 수 있다.

목재(Wood)의 역사

인류의 역사와 항상 함께한 목재는 언제나 가장 인기 있고 실용적이며 스타일리시한 재료였다. 목재는 천연자원 중의 하나로서 시각적, 촉각적으로 인간에게 가장 직접적으로 접촉되는 재료이다. 목재가 실내건축 재료로서 가장 많이 쓰이는 것은 그 나름대로 이유가 있다. 목재는 다양한 효과를 얻을 수 있는 다목적 재료이며, 가늘고 긴 모양부터 넓은 판재까지 다양한 형태로 가공될 수 있는 장점이 있다.

01

Wood
목재(Wood)의 분류

수장용재

구조용재

목재(Wood)의 분류

—

목재는 성장에 의해 침엽수와 활엽수로 구분하며 일반적으로 침엽수는 구조용 재료, 활엽수는 차장재 및 가구로 많이 사용된다. 침엽수에는 육송, 해송, 삼송나무, 전나무, 은행나무, 낙엽송, 가문비나무, 리기다소나무, 비자나무, 잣나무 등이 있고, 활엽수에는 밤나무, 느티나무, 오동나무, 참나무, 너도밤나무, 박달나무, 벚나무, 사시나무, 느릅나무, 자작나무 등이 있다. 목재는 용도와 재질에 의해 분류할 수 있다.

경재

용도에 의한 분류

수장용재 주로 실내의 치장을 위해 사용되는 부재로 수장재, 창호재, 가구재를 총칭한 것으로, 무늬 및 결이 아름다우며 뒤틀림이 적고, 함수율이 낮음 내마모성이 커야한다.

구조용재 건물의 뼈대로 사용되는 부재로 강도 및 내구성이 크고, 건조와 습윤으로 인한 수축팽창이 적으며, 내부식성과 충해에 대한 저항성이 큰 것을 사용한다.

재질에 의한 분류

연재 건축 기초 자재로 널리 쓰이고 있으며 일반적으로 추운 지역에서 성장하고 성장속도가 매우 빠르다. 또 대부분이 침엽수로서 소나무, 해송, 전나무, 낙엽송 등이 있다.

경재 다양한 나뭇결, 텍스처, 컬러를 가지고 있으며 일반적으로 온대지방과 열대지방에서 자라고 대부분이 활엽수로서 너도밤나무, 느티나무, 벚나무, 단풍나무 등이다.

01 Wood

목재(Wood)의 분류

대표적인 국내산 침엽수의 재질 및 용도

수종	산지	재의 색조		재질	용도
		심재	심재		
소나무	전국	황갈색	백색	가공성 및 탄력이 좋다. 뒤틀림이 심하다.	구조재
해송	남한	황갈색	백색	산출량이 적다. 비중이 크고 단단하며 충해에 강하다.	구조재
리기다소나무	전국	황갈색	황갈색	나뭇결이 곧고 수축성이 매우 적다. 강도가 약하고 가볍다.	수장재/창호재
잣나무(홍송)	전국	적색	백색	가볍고 연하며 나뭇결이 곧고 수축성이 적다. 강도가 약하다.	수장재/창호재
전나무	전국	갈백색	황갈색	비중이 작고 강도가 약하다. 변형이 크고 내습성이 적다.	가구재/수장재
솔송나무	경북	황갈색	황백	재질이 치밀하고 윤택이 있다. 내수, 내습, 내구력이 있다.	구조재/수장재
낙엽송	전국	적갈색	백색	재질이 곧고 내구성이 크다. 강도가 약하나 탄력성이 크다.	구조재
비자나무	남부	황색	백색	재질이 치밀하고 탄성이 있다. 내수, 내습, 내구성이 크다.	수장재/조각재

대표적인 국내산 활엽수의 재질 및 용도

수종	산지	재의 색조		재질	용도
		심재	심재		
사시나무	전국	황갈색	황백색	결이 약간 거칠고 연하다. 가볍고 내구성이 적다.	가구재/수장재
박달나무	전국	적갈색	담황갈색	비중 및 수축성이 크다. 강도가 매우 크고 비틀림이 적다.	수장재/가구재
너도밤나무	경북 울릉도	황갈색	담갈색	재질이 치밀하고 단단하며 가볍다.	수장재/창호재
밤나무	전국	암갈색	담갈색	가볍고 연하며 강도는 약하나 내구성, 내수성은 크다.	가구재/수장재
느티나무	전국	적갈색	담황백색	비중 및 강도가 크다. 결이 아름답고 내구성, 내습성이 크다.	수장재/가구재
오동나무	전국	담황색	담황색	가볍고 연하며 방습, 방충성이 있다. 결이 아름답다.	가구재/수장재

국내산 침엽수

소나무 잣나무 전나무

솔송나무 낙엽송 비자나무

국내산 활엽수

사시나무 박달나무 너도밤나무

밤나무 느티나무 오동나무

01 Wood
목재(Wood)의 분류

대표적인 외국산 침엽수의 재질 및 용도

수종	산지	재의 색조		재질	용도
		심재	심재		
삼나무	미국	적갈색	백색	결이 곧고 가공성이 우수하다. 강도 및 내구성이 우수하다.	가구재/수장재
미송	미국/캐나다	적,황,백	담갈색	결이 곧고 가볍다. 재질이 우수하고 내구성이 크다.	구조재/수장재
전나무	북미/캐나다	황갈색	담갈색	결이 곧고 수축성이 매우 적다. 강도가 약하고 가볍다.	수장재/창호재
솔송나무	알레스카	담회갈색	담갈색	표면이 조밀하고 아름답다. 내구성은 작으나 재질이 굳다.	수장재/창호재
미노송	북미	황색	담황백색	결이 곧고 내구성도 크다.	가구재/수장재

대표적인 외국산 활엽수의 재질 및 용도

수종	산지	재의 색조		재질	용도
		심재	심재		
적나왕	열대아시아	황갈색	담홍색	비중이 작고 가공성, 접착성이 우수하다.	가구재/수장재
백나왕	열대아시아	황백색	백색	재질 및 용도는 적나왕과 비슷하나 장식적 가치가 적다.	가구재/수장재
티크	태국 미얀마	농갈색	백갈색	결이 곧으며 수추성 및 흡수율이 적고 내구성이 크다.	수장재/가구재
마호가니	중남미	갈색	홍갈색	재질이 치밀하고 견경하다. 색채, 광택이 미려하다.	수장재/가구재
오크	미국	담황색	갈색	비중이 크고 견경하다.	수장재/가구재
월넛	미국	심갈색	담갈색	강인하며 결이 아름답고 광택이 있다. 가공성이 우수하다.	수장재/가구재
흑단	태국 필리핀	흑색	담적색	강도, 내구성이 크고 재질이 미려하다. 공예품재로 쓰인다.	가구재/수장재
자단	태국 미얀마	주흑색	농자색	강도, 내구성이 크고 재질이 미려하다. 공예품재로 쓰인다.	가구재/수장재

국내산 침엽수

삼나무 미송 전나무

솔송나무 미노송

국내산 활엽수

적나왕 티크 마호가니

오크 월넛 흑단

01

Wood

목재(Wood)의 종류 및 특성

Blocks & Parquetry

평평한 바닥판용으로 사용 가능한 목재 대용품에는 크게 Parquetry와 Block의 두 가지가 있다. 작은 블록이나 긴 조각을 이용하여 다양한 패턴을 만들 수 있다.

고재 (Antique & Reclaimed)

—

재생된 판재의 사용은 기계적인 통일성이 없고 표면도 매우 불규칙하나 수없이 반복된 왁스칠과 시간에 의해 재생 판재는 많은 디자인적 매력이 있고 멋진 윤기와 향기를 갖게 된다. 우리나라에서는 요즘 들어서 중국이나 동남아시아에서 수입되는 많은 재생 판재들을 디자인에 이용하고 있다.

라미네이트 (Laminates)

라미네이트 제품은 원목을 대신하기에는 매우 적합하며 모든 범위의 예산에 맞춘 다양한 마감과 다양한 수준의 퀄리티를 제공한다. 시공 기간이 짧고 내구성도 좋으나 흠집이 났을 경우 원목보다 수리하기가 어렵다.

대나무와 등나무 (Bamboo & Cane)

—

대나무와 등나무는 식물이지만 가공하여 바닥재나 내구성이 우수한 가구 디자인 등에 사용할 수 있다. 가공된 대나무는 뒤틀림, 수축 등 변형에 강하고 습기에도 잘 견디므로 바닥재를 사용하여 많은 효과를 볼 수 있다.

코르크 (Cork)

—

재생 가능 자원인 코르크는 내구성도 우수하고 미끄럼을 방지하는 성질을 가지고 있으며 탄력이 매우 우수하고 단열 및 방음 효과가 뛰어나 바닥재료로도 매우 이상적인 재료이다.

01

Wood
목재(Wood)의 가공제품

목재(Wood)의 가공제품

목재제품은 목재를 주원료로 한 재료의 총칭이며, 목재를 천연 상태로 사용하는 것이 아니라 기계적 또는 화학적 처리를 하여 제조한 것을 말한다. 목재는 색과 나뭇결이 아름답고 촉감고 좋고 단연, 보온성도 우수하나 온도, 습도에 의해 휘거나 뒤틀림, 부패가 있으므로 용도에 따라 결점을 보완하고 목재를 합리적으로 이용한 합판, 섬유판, 파티클보드, 집성재, 코르크판 등의 가공재품과 바닥 마감재로서 플로링, 파켓(Parquet)보드 등의 마루판재가 있다.

합판	여러 개의 얇은 판을 접착한 판	
집성목재	부재를 나열해 접착한 인공목자재	
파티클보드	폐목재를 분쇄하여 압착한 재활용소재	상판, 칸막이, 가구, 문짝, 선반
섬유판	식물 섬유질을 섬유화한 판상제품	인테리어 내장용
마루판류	무늬가 아름답고 단단한 경목	바닥재
우드패널	MDF에 천연 무늬목을 접착가공 패널	벽면, 천장, 건축내장의 각종 몰딩
무늬목	균일한 두께의 얇은 목재판	고급가구

01

Wood
목재(Wood)의 가공제품

합판 (Plywood)

—

합판이란 목재로부터 절삭하여 얻은 여러 개의 얇은 판을 섬유 방향이 서로 직교되도록 홀수로 적층접착한 판을 말한다. 이를 베니어판(Veneer Board) 또는 베니어합판이라고도 한다. 함수율 변화에 의한 신축 변형이 적고 방향성이 없으며 강도가 뛰어나고 습도 변화에 대한 수축, 휨이 적은 것이 장점이다.

집성목재 (Glue-Laminated Timber)

—

집성목은 제재판재 또는 소각재 등의 부재(Lamina)를 섬유 방향으로 평행하게 나열해 길이 너비 및 두께 방향으로 집성, 접착시킨 인공목자재이다. 목재의 종류에 따라 매우 다양하게 생산되며 집성목 수종으로는 참나무, 단풍나무, 물푸레나무, 나릅나무, 미송 등이 있다. 또 충분히 건조된 건조재를 사용하므로 비틀림, 변형 등이 생기지 않는다.

파티클보드 (Particle Board)

—

파티클보드는 일종의 재활용 소재로 폐목재를 분쇄하여 파티클로 만든 다음 건조시키고 접착제를 혼합하여 성형한 후 압착한 것이다. 목재의 결함인 수축과 팽창이 거의 없으며 충격에 약하고, 무게가 무거운 단점이 있다. 따라서 파티클보드는 상판, 칸막이, 가구, 문짝, 선반 등에 많이 사용되고 있다.

섬유판 (Fiber Board)

—

섬유판은 목재 또는 기타 식물 섬유질(볏짚, 톱밥, 파지, 파목 등)을 섬유화하여 성형한 판상제품의 총칭으로 화이버보드 또는 텍스 등으로 부른다. MDF는 'Medium Density Fiberboard'의 약자로 중밀도 섬유 판재를 말한다. 나무의 톱밥과 접착제를 섞어 압착한 것이며 가격이 저렴하며 공정이 단순한 대신 내구성이 떨어진다. 단열성이나 차음, 난연에 강해 인테리어 내장용으로 쓰인다.

01 Wood
목재(Wood)의 가공제품

마루판류 (Wood Flooring)

—

바닥재로 사용되는 목재는 비교적 무늬가 아름답고 단단한 경목으로 참나무(Oak), 티크(Teak), 호두나무(Walnut), 단풍나무(Maple), 물푸레나무(Ash) 등이 많이 사용된다. 실용도에 따라 마루에 가해지는 하중이 다르므로 재질, 두께, 장선간격 등을 결정해서 사용해야 한다. 마루판류의 종류에는 플로링보드(Flooring Board), 플로링블록(Flooring Block), 쪽매널(Wood Mosaic), 파켓패널(Parquet Panel) 등이 있다.

마루판류는 목재의 자연적인 질감이 아름다우며 수종에 따라 다양한 문양과 색상을 연출할 수 있다는 것이 가장 큰 특징이다.

[원목마루]
질감과 색상이 뛰어나고 습도 조절이 가능하며 수명이 긴 편이다. 또한 정전기가 발생하지 않는 장점이 있지만 가격이 비싸고 습기와 열, 온도변화에 팽창 또는 수축이 발생한다.

[강화마루]
목재가루를 압축한 바탕재 위에 여러층의 표면판을 적층하여 접착시킨 복합재 마루로 내마모성, 내압인성등이 뛰어나 청소와 유지관리가 쉽고 다양한 종류의 표면처리가 가능하다. 또한 단열효과 및 차음성과 보향성이 우수하다.

01 Wood
목재(Wood)의 가공제품

우드패널 (Wood Panel)

—

우드패널은 원목의 결점을 보완하여 MDF에 천연 무늬목을 특수공법으로 접착가공한 장식용 패널로서 주로 장식용과 가구용으로 사용하지만 그 밖에도 벽면, 천장, 건축내장의 각종 몰딩으로 광범위하게 사용되고 있다.

무늬목 (Wood Veneer)

—

무늬목은 원목, 큰 각재, 조각재로부터 회전식(Rotary), 슬라이싱(Slicing) 또는 제재 등의 방법으로 생산되는 균일한 두께의 얇은 목재판을 말한다. 무늬목의 두께는 여러 가지이며 0.3mm 무늬목은 주로 실내 또는 가구의 내 · 외장재 중에서 측판이나 문짝, 선반, 지판 등에 접착하여 사용되고 0.65mm 이상 되는 무늬목은 고급가구에 주로 사용한다.

Chapter.2

GLASS

02 Glass

유리(Glass)와 역사

유리(Glass)란?

—

유리는 광선을 투과시켜 투명하고 아름다운 광택과 내구성을 가진 반영구적인 불연재료이다. 규산과 같은 산성분과 염기성분을 함유한 원료를 혼합하여 1,400~1,600℃ 정도의 온도로 용융하여 다시 냉각시킨 후 결정화되지 않게 고화하여 만든 재료이다. 품질이 균일하게 대량생산이 가능하고 표면마감처리에 따라 다양하게 표현될 수 있는 재료이지만 충격강도에 약하여 파손되기 쉽고 열에 약한 성질을 가지고 있다. 현대에 와서는 유리의 다양한 제품개발과 생산 및 시공법 발달로 사용범위가 점차 넓어져가고 있다. 따라서 유리는 빼놓을 수 없는 중요한 재료 중의 하나이기도 하다. 특히 실내건축에서도 장식적인 측면에서뿐만 아니라 디자인적인 측면까지 고려하여 마감을 결정짓는 중요한 재료로 쓰이고 있다.

유리(Glass)의 역사

—

유리에 관한 가장 오래된 기록은 B.C 1700년경 메소포타미아에서 전해지고 있다. 그러나 이집트인들은 이미 B.C 3000년경 전부터 돌구슬에 유리질의 유약을 사용하였으며, B.C 1350년경으로 짐작되는 유리 제조공장의 유적이 현재까지 남아 있다. 최근 이집트와 메소포타미아에서 발견된 유리제품은 최초로 만들어진 것으로 사료된다. 현대 실내건축의 마감 재료로서 유리는 빼놓을 수 없는 중요한 재료이다. 중세의 스테인드글라스가 가진 색채와 의미, 그 상징성에 반해 현대 건축에서 사용되는 유리는 투명성, 반사성과 균질성, 추상성이 그 이미지의 중심을 이루고 있다.

02 Glass

유리(Glass)의 종류 및 특성

보통 판유리

—

보통 판유리는 건축물의 창호, 출입구 등에 사용되는 판유리로서 맑은 판유리와 서리판유리로 구분한다. 맑은 판유리는 표면이 제조된 그대로의 평활한 면을 가진 것으로 투명 판유리라고도 하고, 서리판유리는 한 면을 규사 등으로 갈거나 때리거나 기타 부식 등의 방법으로 표면의 광택을 지워 불투명한 상태로 하여 명확히 볼 수 없게 가공한 것으로 주로 실내 칸막이 또는 장식용으로 쓰이고 흐린 판유리라고도 한다.

연마판유리

—

연마판유리는 후판유리의 양면 또는 한 면을 연마 · 가공하여 평활하게 만든 판유리로서 마판유리라고도 한다. 연마판유리는 투시성 및 투명성이 우수한 고급유리로서 쇼윈도의 큰 개구부나 고급건축물의 외부 창유리로 쓰인다.

플로트판유리

—

플로트판유리는 플로트공법에 의해 생산되는 맑은유리로 연마판유리와 같은 정도의 평활한 표면이고 광택이 우수하여 다시 연마하지 않고 그대로 사용할 수 있다. 플로트판유리는 거울유리나 강화유리, 접합유리, 복층유리에 쓰인다.

02 Glass
유리(Glass)의 종류 및 특성

무늬유리

—

무늬유리는 투명유리의 한 면이나 양면에 무늬가 새겨진 반투명 유리로서, 장식적 효과를 내고 실내의장 겸 투시방지를 위해 만든 것이다. 무늬 모양은 미스트라이트, 새완자, 고도 등 여러 가지가 있다. 무늬유리는 무늬가 갖는 독특한 기능만으로도 아늑한 실내분위기를 연출하고, 맞은편으로부터의 투시를 적당히 차단하여 프라이버시를 확보해주는 특징 때문에 일반주택의 창호, 호텔, 사무실, 매장 등의 실내칸막이 벽에 주로 쓰인다.

미스트라이트

크로스팬

새완자

02 Glass
유리(Glass)의 종류 및 특성

망입유리

—

망입유리는 유리 내부에 금속망을 삽입하고 압착 · 성형한 판유리로서 망유리, 철망유리 또는 그물유리라고 한다. 망입유리에 사용되는 금속망의 원료는 철, 놋쇠, 알루미늄 등이며 망형은 사각형, 능형, 육각형, 팔각형 등이 있다. 망입유리는 외부로부터의 충격에 강하고 파손될 때에도 유리파편이 금속망에 붙어 있어 파편이 튀지 않아 상해를 주지 않을 뿐만 아니라 연소도 방지할 수 있어 유리의 파손방지, 파편비산방지, 도난 및 화재방재, 위험한 천장, 엘리베이터의 문, 진동에 의하여 파손되기 쉬운 곳에 쓰인다.

반사유리

—

반사유리는 유리 표면에 반사막으로 특수 코팅하여 열과 빛의 반사에 따른 거울효과를 낸 유리이다. 이 반사막이 광선을 차단 · 반사시켜 실내에서 볼 때는 지장이 없으나 외부에서는 거울처럼 보인다 하여 거울유리하고도 한다. 반사유리는 빛의 반사에 따른 거울 효과로 주위 경관을 건축물에 투영시켜 빛의 조건과 보는 시각에 따라 아름다운 외관을 연출함으로써 건축물에 고급스러운 예술성을 부여한다.

02 Glass

유리(Glass)의 종류 및 특성

열선흡수유리

열선흡수유리는 보통판유리 조성에 금속산화물을 미량 첨가하여 열선흡수를 크게 하고 착색이 되게 한 유리로서 일명 단열유리라고도 한다. 태양의 복사에너지를 일반 판유리보다 4~6배 정도 흡수하고 가시광선을 부드럽게 하여 쾌적한 분위기를 만들어준다. 서향 일광을 받는 창, 공기조절 설비가 있는 건축물 등에 사용한다.

열선반사유리

열선반사유리는 유리 한 면에 열선반사막을 입힌 판유리로서 단열효과가 매우 우수하다. 특히 실내에서는 밖을 볼 수 있지만 외부에서는 실내가 안 보이고 거울처럼 보이므로 주위 경관이 광선 조건에 따라 다양하게 투영되는 효과가 있다. 열선반사유리는 사무실건축물의 창에 많이 사용되고 색상은 청색과 갈색계통이 있다.

로이유리

로이유리는 유리 표면에 엷은 금속막을 입힌 판유리로서 열선반사유리의 일종이다. 태양열을 반사하는 열선반사유리와는 달리 빛을 파장별로 흡수 · 반사하는 성질을 이용한다. 로이유리는 난방기구에서 발생된 열선을 대부분 창문에서 내부로 반사시켜 난방효율을 극대화시켜주기 때문에 난방과 보온에 매우 효과적이다. 일반건축물 특히 고층건물의 창 또는 로비 등 대형 스크린 창에 사용한다.

02

Glass

유리(Glass)의 종류 및 특성

색유리

—

색유리는 판유리에 착색제를 넣어 만들거나 판유리 한 면에 특수필름을 코팅하여 여러 가지 패턴과 색상을 낸 유리로서 컬러유리라고도 한다. 가시광선의 일부를 적당히 투과시켜 눈부심을 부드럽게 해주고 쾌적한 실내환경을 조성해주며 외부로부터 프라이버시를 보호해준다. 색유리는 햇빛 조절이 필요한 건축물의 창과 건축물 로비의 대형 창, 천장 등의 장식용 또는 실내칸막이 등의 프라이버시 보호가 요구되는 곳에 사용한다.

스팬드럴유리

스팬드럴유리는 플로트판유리의 한쪽 명에 세라믹질의 도료를 코팅한 다음 고온에서 융착 · 반강화 시킨 불투명한 장식용 유리의 일종이다. 스팬드럴유리는 강화공정에서 열처리하므로 일반유리에 비해 내구성 및 강도가 높고 열에 강하다. 또한 다양한 색상을 나타낼 수 있으므로 각종 인테리어에 응용이 가능하다.

인테리어유리

인테리어유리는 맑은 판유리 표면에 인테리어필름을 입혀 만든 유리로서 색유리의 일종이라 할 수 있다. 여기서 인테리어 필름이란 필름 자체에서 여러 가지 색상 및 문양 또는 금속성 느낌을 갖도록 만든 것을 말한다. 인테리어 유리는 사무실 · 상업용 건축물의 내벽마감 또는 실내칸막이, 계단옆판, 난간 · 출입문 등에 사용되고 있다.

열선흡수유리

—

강화유리는 맑은유리, 색유리 등을 열처리 한 후 급랭 · 강화시킴으로써 투시성은 같으나 강도와 내열성을 높인 안전유리의 일종이다. 따라서 강화안전유리라고도 한다. 강화유리는 일반적으로 보통판유리보다 5배 정도의 내충격강도를 가지며 무게를 견디는 힘은 3~5배나 된다. 보통판유리보다 강도가 높으므로 파손율이 낮으며 강한 내열성을 가지고 있다. 강화유리는 안전을 고려해야 할 건축물의 전면에 많이 사용되며, 특히 테두리 없는 유리문, 에스컬레이터 및 난간의 옆판, 엘리베이터의 창, 고층건축물의 창이나 출입문 등에 많이 사용되고 있다.

착색강화유리

착색강화유리는 연마판유리를 원판으로 하여 유리보다 융점이 낮은 세라믹컬러를 도포하고 열처리하여 융착시킨 불투명한 강화유리이다. 착색강화유리는 커튼월의 스팬드럴 또는 벽 등에 쓰인다.

에칭유리

—

에칭유리는 유리의 표면을 초고성능 조각기로 특수가공 처리하여 만든 유리로서 조각유리라고도 한다. 5mm 이상의 후판유리에 아름다운 그림이나 글 또는 문양을 새겨 넣어 유리 자체에 예술성을 부여한 유리라 할 수 있다. 에칭유리는 맑은 유리만이 아니라 반사유리, 색유리 등의 유리로도 가공할 수 있어서 그 용도에 따라 주변환경과 훌륭한 조화를 이루게 할 수 있다. 실내장식, 층계의 난간 옆, 상업건축물의 주 출입문 및 유리 파티션 등에 사용한다.

스테인드유리

—

스테인드유리는 색유리를 쓰거나 색을 칠하여 무늬 및 그림을 나타낸 황홀한 색채의 장식용 판유리로서 다양한 문양을 나타낸 것이 특징이다. 여러 가지 색유리를 도안에 따라 절단하여 I 자형 납살에 끼워맞춰서 모양을 내게 한 교회의 창, 천장 또는 상업건축의 장식용으로 주로 사용한다.

02 Glass
유리(Glass)의 종류 및 특성

곡면유리

곡면유리는 판유리를 열처리하여 구부려 가공한 유리이다. 건축물의 여러 굽은 곳에 사용하기에 적합한 유리이며 곡면유리는 건축물의 외벽 코너, 실내 · 외 천창, 건축물 사이의 연결통로, 출입구 등에 사용되고 실내건축에서 장식용으로도 사용된다.

Chapter.3

PAINT

03 Paint
도장(Paint)과 역사

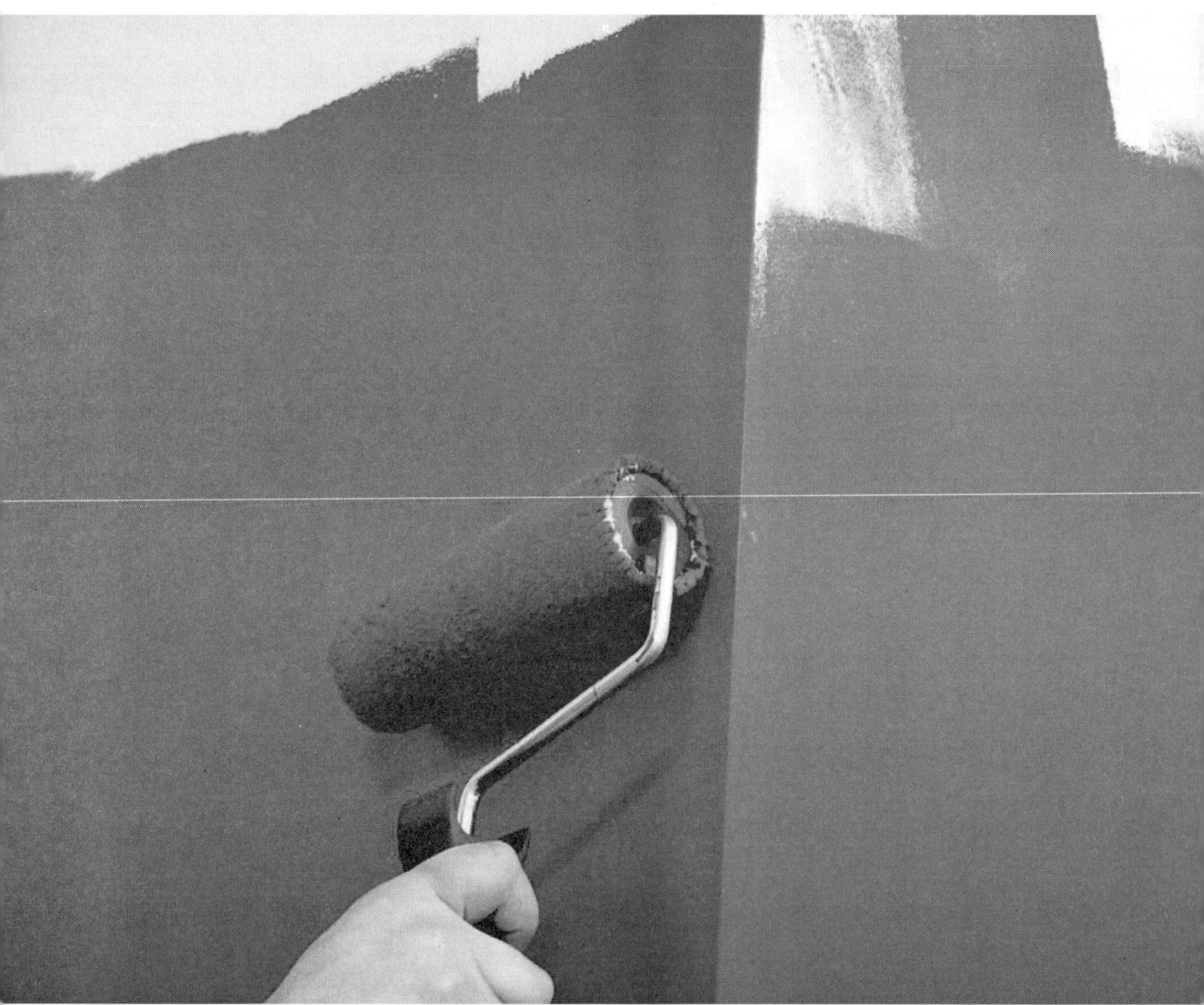

도장(Paint)이란?

도장이란 즉 도료를 말하는데 도료는 물체의 표면에 바르면 굳어져 피막을 형성함으로써 표면의 부식 · 오손 · 충해 등을 막고, 광택 · 색채를 나타나게 하는 유동성 물질이다. 도장은 물체의 표면에 도료를 사용하여 도막을 형성케 하는 작업공정이다. 도료의 사용 목적은 건축물이나 공작물 등의 표면에 도장함으로써 내식성 · 방부성 · 내후성 · 내화성 · 내열성 · 내구성 · 내화학성 등을 증가시키고 방수성 · 방습성 · 내마모성 등을 높이며 착색 · 광택 · 무늬 등으로 외관을 아름답게 미화 시키기 위한 것이다.

도장(Paint)의 역사

우리나라 도장의 유래는 약 1,400년 전 중국에서부터 불교가 전래되면서 불상이나 불구에 기초적인 도금이나 칠을 사용한 것으로부터 시작되었다고 볼 수 있다. 초기의 도장에 사용된 물질은 주로 천연물질로 천연수지나 식물, 광물에서 채취된 안료를 사용하고 있다. 동물성 단백질을 사용하여 표면을 보호하고, 장식하던 것이 현재의 도료개념과 비슷한 형태로 발전된 것은 18세기 경 부터이며, 제2차 세계대전 이후 석유화학 공업의 발달과 함께 이루어진 합성수지의 발달로 비닐수지 도료, 에폭시수지 도료, 에멀전수지 도료 등 도료의 급격한 발달이 실용화되었다.

03 Paint
도장(Paint)의 종류 및 특성

페인트

—

페인트란 광의로는 도료 전반을 뜻하며 협의로는 유성도료를 뜻한다. 또한 일반적으로 불투명피막을 형성하는 도료를 페인트라 한다. 페인트는 유성페인트(안료+보일드유+희석제)와 수성페인트(안료+아교 또는 카세인+물)가 있다.

유성페인트는 보일드유에 안료를 혼합시킨 도료이다. 여기서 보일드유는 아마인유, 들기름, 마실유, 동백기름, 대두유와 같은 식물성 기름에 건조제를 넣어 가열 · 정제한 유성페인트용 건성유를 말한 것으로 건조가 빠르게 진행되고 피막 강도를 증대시킨다. 유성페인트는 역사가 가장 오래된 도료이지만 현재는 사용량이 많이 줄었다.

수성페인트는 안료를 적은 양의 물로 용해하여 수용성 교착제 (아교, 카세인, 전분)과 혼합한 분말상태의 도료를 말한다. 즉, 물을 용제로 하는 도료를 총칭한 것이라 수성도료라고도 한다. 수성페인트는 무광택, 불연성, 무취, 내알칼리성일 뿐만 아니라 취급하기가 간단하고 건조가 빠르며 작업성이 좋은 도료이다. 하지만 내구성과 내수성이 떨어져 사용량이 많이 줄었다.

03 Paint
도장(Paint)의 종류 및 특성

바니시

—

바니시는 천연수지, 합성수지 등을 건성유와 같이 가열 · 융합시켜 건조제를 넣고 용제로 녹인 도료이다. 일반적으로 불투명피막을 형성하는 도료를 페인트라고 하는 반면 광택이 있는 투명한 피막을 만드는 것을 바니시라고 한다. 바니시는 건조가 빠르고 광택, 작업성, 점착성 등이 좋으나 내약품성이 나쁘다. 칠하면 매끄럽고 광택이 나며 투명막으로 되므로 주로 옥내 목부 바탕의 투명마감 도료로 사용된다.

유성바니시는 유용성 수지를 건성유에 가열 · 융합하고, 건조제를 첨가한 다음 휘발성 용제로 희석한 것이 유성바니시라고 한다. 유성바니시는 무색 또는 담갈색의 투명 도료로 목재부 도장에 사용한다.

휘발성바니시는 수지류를 휘발성 용제에 녹여 만든 도료가 휘발성 바니시라고 한다. 휘발성바니시는 건조가 빠르고 견경하며 광택이 있으나 내열, 내광성이 없어서 마감용으로는 부적당하고 내장 또는 가구 등에 쓰인다.

03 Paint
도장(Paint)의 종류 및 특성

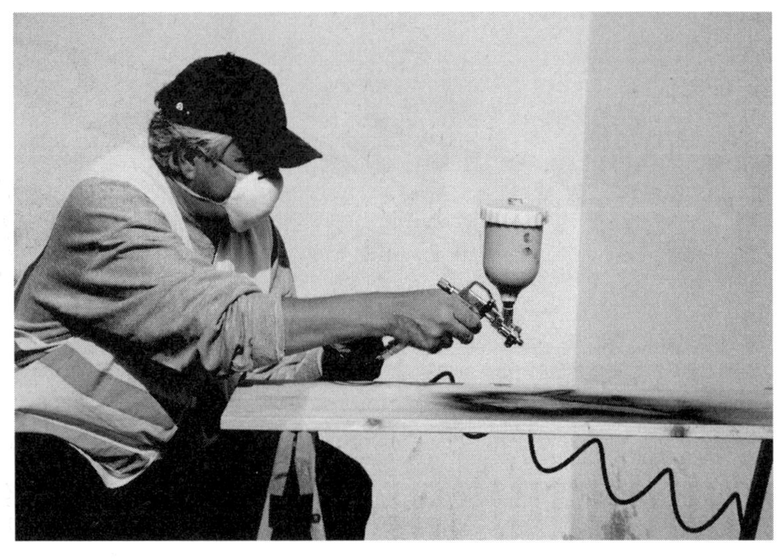

래커

—

래커는 니트로셀룰로오스와 같은 용제에 용해시킨 섬유계 유도체에 합성수지, 가소제 및 안료를 첨가한 도료이다. 래커는 건조가 빠르고 도막이 견고하며 광택이 좋고 연마가 용이하며 불점착성, 내마멸성, 내수성, 내유성, 내후성 등이 강한 고급도료이다. 결점으로는 도막이 얇고 부착력이 약하다.

래커에나멜은 클리어래커에 안료를 첨가한 불투명도료이다. 도막이 단단하면서 광택이 좋으며, 특히 연마성이 좋다. 결점으로는 도막이 얇으며 밀착력이 떨어지기 때문에 바탕칠을 잘 해야 한다. 내후성에 따라 외부용, 내부용으로 구분되고, 외부용은 내후성이 높게 만들어진 것으로 주로 자동차 등의 외장용으로 사용되고 내부용은 내후성이 낮은 실내의 도장에 사용된다.

클리어래커는 안료가 들어가지 않는 투명래커로 주로 목재면의 투명도장에 쓰이는 도료이다. 유성바니시에 비해 도막은 얇지만 견고하고 담색으로서 우아한 광택이 있다. 내후성이 좋지 않아 외부에 사용하기에는 적당하지 않고 내부용으로 주로 쓰인다.

03 Paint

도장(Paint)의 종류 및 특성

에나멜페인트

에나멜페인트는 바니시에 안료를 혼합하여 만든 유색불투명도료이다. 유성페인트와 유성바니시의 중간성 제품이다. 보통 에나멜이라고 부른다. 에나멜페인트는 건조가 대체적으로 빠른 편이며 광택이 잘 나고 내수성 · 내열성 · 내유성 · 내약품성이 좋은 고급도료이다. 특히 외부용은 경도가 크고 내후성이 좋다.

유성에나멜은 유성바니시에 안료를 혼합하여 만든 유색불투명도료로 유성에나멜 페인트라고도 한다. 건조는 약간 더디지만 피막이 튼튼하고 광택이 있으며 내수성이 높은 것이 특징이다.

합성수지 에나멜은 합성수지 바니시에 안료를 혼합하여 만든 유색불투명도료로서, 일반적으로 건조가 빠르고 광택이 나며 내수성 및 내구성이 우수하다. 목재, 철재 등의 도장에 사용 된다.

알루미늄페인트는 알루미늄분말을 넣은 안료를 스파바니시에 혼합하여 만든 불투명도료로 은분페인트라고도 한다. 알루미늄페인트는 광선 및 열 반사력에 강하고 내열 · 방열성이 높다.

03 Paint
도장(Paint)의 종류 및 특성

합성수지도료

—

합성수지도료는 합성수지를 주체로 만든 도료의 총칭이다. 일반적으로 유성페인트와 바니시에 비해 건조시간이 빠르고 도막이 단단하며 방화성이 있고 내산 · 내알칼리성이 있어 콘크리트나 플라스터 등에 바를 수 있을 뿐만 아니라 투명한 합성수지를 사용하면 더욱 선명한 색을 낼 수 있어 다방면에서 많이 사용되는 도료이다.

합성수지에멀션 페인트는 수성페인트에 합성수지와 유화제를 혼합한 도료로서 내수성, 내후성, 내세척성이 좋고, 특히 내알칼리성이 강하다. 합성수지에멀션페인트는 콘크리트면, 시멘트모르타르면 외에 회반죽, 플라스터, 석고보드 바탕에 사용한다.

페놀수지도료는 내수성, 내후성, 내열성, 내산성이 우수하며 또한 속건성(10시간 이내)이고 내알칼리성도 있다. 콘크리트 또는 모르타르 바탕면의 도장에 사용한다.

실리콘수지도료는 내열성, 내한성, 내후성이 우수한 특성을 가지고 있어서 내열성 있는 알루미늄을 혼합하여 내열도료로 사용된다. 실리콘수지도요의 도막은 발수성이 있어 방수제로도 우수하며 자연건조형과 소부형이 있다.

에폭시수지도료는 내수성, 내약품성, 접착성이 우수하고 단단하며 내마모성이 좋다. 또한 물, 약품, 오염가스 등에 대한 내성이 현 도료 중에서 가장 우수하다고 볼 수 있다. 에폭시수지도료는 특히 내수성, 내약품성, 내산성, 내알칼리성이 좋은 특징이 있어 이에 필요한 곳의 바닥 등의 도장에 사용된다.

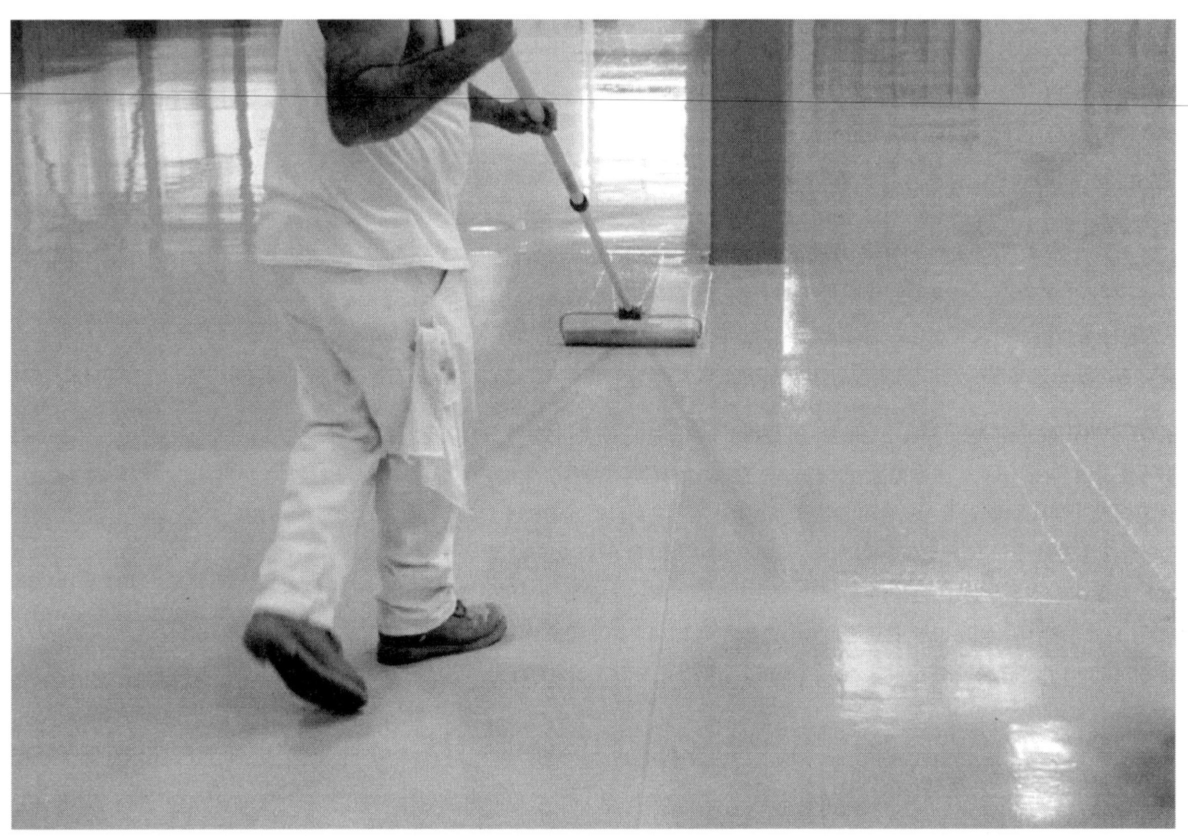

03 Paint
도장(Paint)의 종류 및 특성

비닐계 수지도료는 초산비닐수지도료, 염화비닐수지도료가 대표적으로 사용되고 있다. 초산비닐수지도료는 도막이 무색투명하여 과선, 열에 의하여 변색이 적고 유연성이 있으며 철재, 목재 등의 바탕용 도장에 사용한다. 염화비닐수지도료는 내수성, 내약품성 등이 우수하고 내산성도 있어 철재의 방청을 위한 초벌용으로 적합하다.

알키드수지도료는 부착성, 내후성, 건조성, 보색성 또는 다른 도료와의 혼합성, 용해성 등이 일반적으로 좋다. 유성도료와 같이 간단하게 취급할 수 있으며 값이 저렴하여 많이 사용되고 있다. 단점으로는 내수성 특히 건조 초기의 내수성이 다른 도료에 비해 떨어지며 내알칼리성이 좋지 않다.

폴리에스테르수지도료는 용제를 사용하지 않는 전형적인 무용제 바니시로 한 번만 칠해도 아름답고 두꺼운 도막을 형성한다. 이 도막은 강도, 내약품성이 좋다. 그러나 내후성은 좋지 않다. 폴리에스테르수지도료는 공기와 접촉하지 않아도 건조되므로 밀폐된 부분이나 깊은 곳의 도자에 유리하고 목재용 도료로도 사용한다.

멜라민수지도료는 무색투명하며 도막이 굳고 광택이 양호하다. 내수성과 내구성이 좋지 않아 알키드수지와 혼합하여 사용한다. 멜라민수지도료를 구워 붙이면 매우 단단하고 광택이 있는 법랑질의 도막을 만들며 변색이 적고 내후성이 양호하여 철재 등의 고급 마무리용 도장에 사용한다.

03 Paint
도장(Paint)의 종류 및 특성

특수도료는 특수한 용도에 쓰이거나 특수한 방법으로 도장하는 도료 또는 특수한 원료를 주성분으로 하는 도료의 총칭이다. 특수페인트라고도 한다. 특수도료에는 여러 종류가 있지만 대표적으로 사용하는 도료로는 방청도료, 방화도료, 발광도료, 방균도료, 다채무늬도료, 복층무늬도료 등이 있다.

Chapter.4

STEEL

04 Steel
금속(Steel)이란?

금속(Steel)이란?

—

금속은 광석으로부터 제련하여 얻어진 것으로서 일반적으로 철금속과 비철금속으로 구분한다. 철금속은 철과 강을 합쳐서 일컫는 말로서 철강이라고 한다. 일반적으로 철이라 하면 철금속을 말한다. 철금속은 대기중에서 산화되어 광택을 잃는 특징이 있다. 비철금속은 철 이외의 금속을 말한 것으로 특히 녹이 쉽게 나지 않는 장점이 있다. 금속재료는 구조재뿐만 아니라 장식재로도 많이 쓰이고 있다. 건축공사에서 사용되고 있는 금속재료의 대부분은 단일체 보다도 합금으로 사용하고 있다.

합금은 하나의 금속에 하나 이상의 다른 금속 또는 비금속을 가해서 금속적인 성질을 나타내는 것으로 현재 사용되고 있는 모든 금속을 엄밀히 말해서 합금이라 할 수 있다. 금속재료 중 건축재료로 많이 사용되고 있는 것은 철강, 주철, 동, 알루미늄, 납, 아연과 이들의 합금 등이다. 실내건축재료에는 동 및 알루미늄 등의 비철금속이 많이 쓰인다. 또한 금속제품으로는 구조용 강재, 강판, 강관, 선재, 긴결 및 고정철물, 수장 및 장식용 제품, 금속창호재 및 창호철물, 금속가공성형품 등 용도 및 형상 등에 따라 그 종류가 다양하다.

04 Steel
금속(Steel)의 역사

금속(Steel)의 역사

—

역사적으로 보면, 자연계에 원소 상태로 존재하는 금 · 은 · 구리는 옛날부터 인류에 의해 이용되어 왔다. 금을 입수한 시기는 신석기시대로 알려져 있으며, 자연구리 · 자연은 및 운철도 이때 사용되었고, 나아가서는 납 · 주석 및 수은의 존재도 알게 되었다. 옛날부터 사용된 금속이 이들에만 한정된 것은, 지구상에 많이 존재하기 때문이기보다 이들 금속을 홑원소물질로 쉽게 입수할 수 있었기 때문이며, 그 중에서도 널리 사용되는 대표적인 금속은 철과 구리라 할 수 있다. 철의 사용량이 다른 금속에 비해서 압도적으로 많기 때문에, 일반적으로 금속을 분류할 때에는 철과 비철금속으로 나눈다. 예로부터 금속을 강도나 내구성, 가공성, 장식성 등 재료의 특성을 살려서 각종 도구, 장식품, 건축재료, 도금재료 등으로 이용해 왔다. 철은 녹슬기 쉬운 결점이 있지만 그 강도로 인하여 현대 건축의 중요한 구조재나 바탕재, 보조재료로 사용되며 각종 규격의 재료가 시판되고 있다.

04 Steel

금속(Steel)과 종류 및 특성

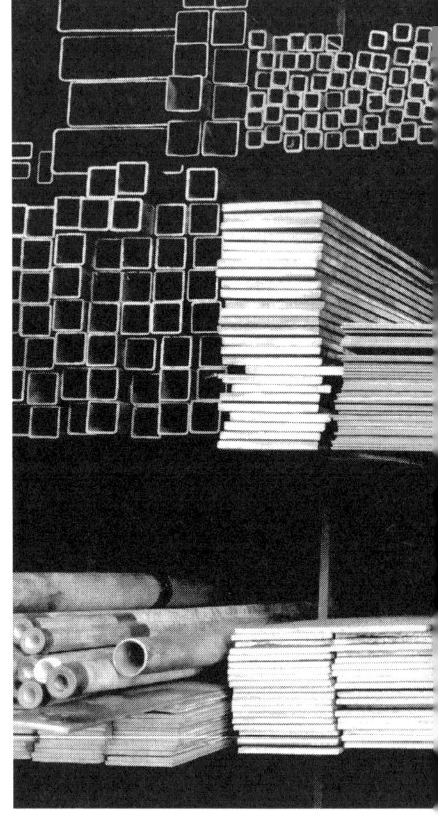

1. 금속재료

철금속

—

철강은 철 외에 소량의 탄소 · 망간 · 규소 및 불순물로 인 · 유황 등을 함유하고 있는 금속으로서, 탄소량에 따라 철, 강, 주철로 구분하고 있다. 철강으로 가공 및 성형된 제품으로는 형강 · 강판 · 평강 · 봉강류 등의 압연강재가 있고 못, 철사 등이 있다.

주철은 철이 대부분 함유(92~96%)하고 나머지는 크롬 · 규소 · 망간 · 유황 · 인 등이 함유하고 있는 금속으로서 강보다 용융점이 낮아서 복잡한 형태의 것이라도 주조하기 쉽지만 압연 · 단조성이 없는 것이 결점이다. 주철은 창호철물, 자물쇠, 장식철물, 방열기, 맨홀뚜껑 등에 주로 쓰인다.

탄소강은 철 · 탄소 이외에 망간 · 인 · 황 · 규소 등을 함유하고 있는 금속으로서, 탄소의 함유량에 따라 저탄소강, 중탄소강, 고탄소강으로 구분한다. 탄소강으로 만든 제품으로는 리벳, 못, 새시바, 철골, 철근, 박판, 강판, 형강 등 여러 가지가 있다.

주강은 저탄소 주철로서 탄소량이 적은 (0.1~0.5%) 용해강을 주형에 주입하여 제작한 주물이다. 주철로서는 강도가 불충분한 것에 사용된다. 주로 철골기둥과 보의 접합부 등에 쓰인다.

특수강은 탄소강에 특수한 성질을 주기 위하여 다른 금속을 적당량만큼 첨가한 합금강이다. 특수강을 그 성질에 따라 구조용 특수강, 특수용도용 특수강으로 구분한다. 구조용 특수강으로 제조된 것으로는 피아노선 또는 강선이 있고, 특수용도용 특수강으로는 스테인리스강 · 내열강 · 내후성강이 있다.

내후성강은 대기중 녹 발생이 적은 내식성이 우수한 가재로서 구조용 재료로 주로 사용된다. 내열강은 온도에 대한 강한 저항성을 갖는 강재로서 보일러 등 난방설비재로 주로 사용된다.

스테인리스강은 크롬 · 니켈 등을 함유하며 탄소량이 적고 내식성이 우수한 특수강으로서, 일반적으로 전기저항이 크고 열전도율이 낮은 반면 강도가 크고 경도에 비해 가공성이 좋으며 외관이 아름답고 납땜도 가능하는 등 여러 가지 장점 때문에 건축재료로 널리 사용되고 있다. 특히 창호재, 설비재, 위생기구재 등으로 실내건축재료로 많이 쓰이고 있다.

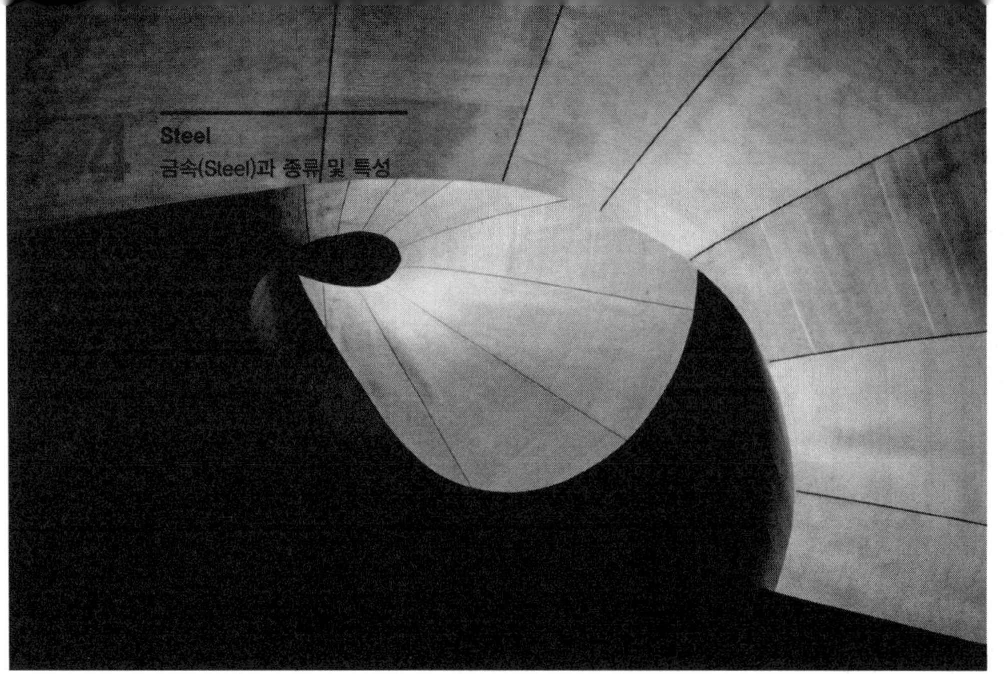

비철금속

—

동은 자연으로 생산되는 천연동도 있지만 대부분 황동관 또는 휘동광으로부터 조동을 만들고 이 조동을 원료로 정련하여 동을 얻는다. 동을 일반적으로 구리라고 한다. 동은 부식이 잘 안되고 아름다운 색과 광택을 지니고 있으며, 유연하고 전연성이 좋아 가공하기 쉬울 뿐만 아니라 열전도성 및 전기전도성 등의 특성이 있어 장식철물, 창호철물, 냉 · 난방 등의 배관재료, 전기재료 등에 많이 사용되고 있다. **동합금**에는 여러 종류가 있으나 건축재료로 사용되는 종류로는 황동과 청동이 있다. 황동은 일명 놋쇠라고도 하며 주로 동 70%와 아연 30%로 된 합금으로서, 아연 · 인발 등의 가공이 용이하고 내식성이 크므로 논슬립, 난간, 코너비드, 정첩, 창문의 레일, 장식철물 및 나사 · 볼트 · 너트 등의 긴결 철물 등에 널리 사용되고 있다.

알루미늄은 다방면으로 많이 사용되고 있는 비철금속으로서 대표적인 경금속이기도 하다. 독특한 은백색의 광택을 나타내고 전연성이 좋아 가공하기 쉬우며 내식성도 우수하다. 또한 광선 및 열의 반사율이 크고 열 · 전기의 전도성이 동 다음으로 높다. 그러나 맑은 물에는 거의 침식되지 않으나 염산에는 침식되기 쉬우며, 특히 산이나 알칼리 및 해수에 침식되기 쉬우므로 콘크리트 및 해수에 접하거나 흙속에 매립된 경우에는 사용을 금하거나 주의하여 사용해야 한다. 알루미늄은 여러 가지 우수한 특성을 이용하여 건축재료로 광범위하게 사용되고 있다. 내외벽 마감재료, 도어 · 새시 · 셔터 · 창호철물 등의 창호재료, 계단 · 손잡이 · 논슬립 등 조작재료, 블라인드 · 루버 · 창격자 등의 내외장재료, 설비재료, 가구재료, 열절연재료 등으로 널리 사용되고 있고 그 사용이 급증하고 있는 추세이다. **알루미늄합금**은 내식성 · 내열성 또는 강도를 높이기 위하여 알루미늄에 구리 · 마그네슘 · 규소 · 아연 등의 원소를 첨가하여 제조된 합금이다. 이 합금은 내 · 외부장식용 착색무늬 판재, 대형 창격자, 조각판재, 메탈 커튼월 등에 사용되고 있다.

아연은 회백색의 비철금속으로서 연질이고, 내식성 · 연성이 우수하여 철판의 아연도금으로 쓰이며, 함석 제조에 사용된다. 아연제품은 중량이 가벼워 지붕이나 벽마감재로 쓰인다. **아연합금**은 아연에 알루미늄 · 구리 · 마그네슘을 약간 첨가한 합금으로서 용융점이 낮고 강도가 크며 대기중의 내식성이 우수하여 건추걸물로서 유망한 합금이다.

2. 금속제품

구조용 강재

—

철근은 콘크리트 속에 묻어서 콘크리트를 보강하기 위하여 사용되는 강재이다. 철근의 종류 중 원형철근 또는 이형철근이 주로 쓰이고, 표면이 미끈한 원형철근보다 표면에 리브 또는 마디 등의 돌기를 붙인 이형철근을 건축구조물에 많이 사용한다.

형강은 단면형상을 이루고 있는 구조용 재료로서 철골구조에 주로 많이 사용되고 있다. 형강은 단면의 형상에 따라 ㄱ형강, I형강, ㄷ형강, T형강, H형강 등으로 구분한다. 실내건축에서는 벽, 천장 등의 구조물 보강재로 사용된다. **경량형강**은 구조재의 무게를 감소시킬 목적으로 얇은 강판을 가장 유효한 단면형상으로 만든 형강으로서 단면형상 및 용도는 일반형강과 같다.

04 Steel
금속(Steel)과 종류 및 특성

알루미늄복합패널은 2매의 알루미늄 사이에 심재를 넣어 샌드위치패널 형식으로 만든 금속패널의 일종이다. 표면의 색상이 여러 가지이고 가볍고 가공하기도 쉬우며 내오염성 및 내후성이 있어 내벽 마감재로 쓰이고 특히 실내기둥의 표면 감싸기 마감재로 많이 쓰이고 있다.

스테인리스 강판은 내식성 및 내마모성이 우수하고 강도가 높을 뿐만 아니라 장식적으로 광택이 뛰어나 창호재, 외장재, 주방용 가구 등에 널리 사용된다. **동판**은 동으로 압연하여 만든 얇고 넓은 판으로서 부식이 잘 안 되고, 아름다운 색과 유연하고 전연선이 좋아 가공하기 쉽기 때문에 건축물의 장식부품 및 실내장식에 사용되고 특히 지붕재료로 많이 쓰이고 있다.

무늬강판

강판은 강괴를 압연하여 얇고 넓게 만든 철판이다. 강판의 표면에 피복처리한 피복강판이 있고 샌드위치패널 형식으로 된 금속패널이 있다. 건축공사에 주로 사용되는 것으로는 아연도강판, 착색아연도강판, 무늬강판, 비닐피복강판, 프린트강판, 알루미늄복합패널, 스테인리스강판 등이 있다.

아연도강판은 부식을 방지하기 위해 표면에 아연도금한 강판으로서 아연도철판 또는 함석판이라고도 한다. 녹이 슬지 않고 외관미가 있으며 내식성이 좋아 지붕재 또는 설비재로 많이 사용한다. **착색아연도강판**은 아연도강판에 착색도장한 강판으로서 평판과 골판이 있다. 외벽 및 지붕재로 사용한다. **무늬강판**은 철판 표면에 체크무늬를 만들어 미끄러지지 않게 한 강판으로서 공장 · 창고 등의 바닥재 또는 계단의 디딤판 등에 사용한다. **비닐피복강판**은 강판에 염화비닐수지등을 피복하여 만든 강판으로서 아름다운 색채와 다양한 무늬를 낼 수 있고, 내식성이 우수하므로 천장, 내 · 외벽재 등에 사용한다.

04 Steel
금속(Steel)과 종류 및 특성

계단 논슬립

금속 기성제품

—

계단 논슬립은 계단디딤판의 미끄럼막이 철물이다. 황동제, 스테인리스제, 철제 등이 있는데, 황동제가 많이 사용된다. **줄눈대**는 인조석갈기, 테라조현장바름 바닥줄눈을 구획하는 철물 또는 수장공사에서 이음새를 감추는데 쓰이는 장식용 철물이다. 줄눈쇠라고도 한다. 황동제, 스테인리스제, 강제, 주물제 등이 있다.

코너비드는 벽 · 기둥 등의 모서리 부분의 미장바름을 보호하기 위하여 묻어 붙인 철물이다. 모서리쇠라고도 한다. 아연도금철제, 황동제, 스테인리스강제, 경질염화비닐제 등이 있다. **조이너**는 천장 · 벽 등에 보드류를 붙이고, 그 이음새를 감추고 누르는데 쓰이는 철물이다. 아연도금철판제, 경금속제, 황동제가 있다.

줄눈대

코너비드

04

Steel

금속(Steel)과 종류 및 특성

펀칭메탈은 얇은 철판에 여러 가지 모양으로 도려낸 철물이다. 환기공, 라디에이터 커버 등에 사용한다.

그릴은 얇은 강판에 여러 가지 모양의 구멍을 뚫어 만든 철물이다. 황동제, 청동제가 있으며 장식을 겸한 방독용 창문덮개로 사용한다.

04

Steel

금속(Steel)과 종류 및 특성

엠보스드 스틸 시트는 아연도금철판 · 알루미늄판 · 스테인리스 · 동판 등의 표면에 여러 가지 문양으로 처리한 철판이다. 창문, 벽 등의 장식용 마감재로 쓰인다.

메탈라스는 얇은 연강판에 일정한 간격으로 그물눈을 내고 늘여 철망모양으로 만든 철물이다. 주로 천장, 벽 등의 모르타르 바름 바탕용으로 쓰인다.

와이어메시는 연강철선을 전기용접(세로와 가로의 교차점)하여 정방형 또는 장방형으로 만든 철물이다. 블록을 쌓을 때 수평줄눈에 묻어 벽체의 균열을 방지하고, 교차 및 모서리 부분을 보강하기 위해 사용한다.

와이어라스는 보통철선 또는 아연도금철선으로 마름모형, 갑옷형, 둥근형 등으로 그물같이 엮어 만든 철망이다. 시멘트모르타르 바름 등의 바탕에 사용된다.

Chapter.5

STONES

05 Stones
석재(Stones)란?

석재(Stones)란?

—

석재란철근콘크리트 구조가 도입된 현대 건축물에서 석재는 내, 외장재로 많이 사용되며, 원석을 일정한 두께와 크기로 가공한 판재를 많이 사용합니다. 생산 지역별로 무늬, 색상 등 고유 특성을 가지며, 표면 가공 방법에 따라 수천 가지 다양한 연출이 가능합니다. 천연 석재는 특성상 생산되는 지역에 따라 이름을 붙여 부르는데, 주로 경기도 포천의 포천석, 전북 익산의 황등석, 문경의 문경석, 거창석, 고흥석등이 대표적이며, 수입되는 변성암도 생산지역에 따라 부르는 이름이 다양합니다.

석재(Stones)의 쓰임

건물의 내외장재로 쓰이는 건축용 판석은 고유한 색상과 무늬, 그리고 표면의 질감을 처리하는 방법에 따라 다채로운 모습으로 변하며 건물의 외관과 분위기를 좌우한다. 표면 처리 방법은 연마, 버너구이, 잔다듬, 줄다듬, 혹두기 등이 있다. 연마는 연마석을 이용하여 광택이 나도록 매끈하게 갈아내는 방법으로 내장재에 많이 쓰인다. 반면 날망치나 기계로 표면을 쪼는 잔다듬은 주로 외장재에 쓰인다. 버너구이는 표면에 열을 가하여 거칠게 가공하는 방법으로 잔다듬과 마찬가지로 외장재에 주로 쓰이는데 비용이 더 저렴하다. 줄다듬은 줄톱으로 표면에 줄을 내는 방법이고 마지막으로 혹두기는 표면을 울퉁불퉁한 혹 모양으로 쪼는 것으로 주로 전통 건축에 사용된다.

석재(Stones)의 역사

—

인간이 돌을 재료로 무언가를 만들기 시작한 것은 석기시대부터입니다. 구석기시대에는 돌을 깨뜨려 별다른 가공없이 땅을 파거나 사냥을 하는데 씁니다. 신석기시대에는 촌락을 이루고, 방직기술이 발달하고, 농업생산도 시작하는 때이며, 바야흐로 고대 도시문명의 기초가 형성되는 시기다. 따라서 돌도끼, 낚시바늘등 다양한 도구를 만들기 시작합니다.

05

Stones
석재(Stones)의 종류 및 특성

석재(Stones)의 가공방법

—

주로 쓰이는 내장마감 석재

화강석
– 가평석, 거창석, 마천석, 문경석, 운천석, 포천석, 황등석, 칼멘레드, 일페리얼레드

대리석
–트레보티노, 크리마마필, 비앙코, 보티치노, 마론 엠페레도 다크, 마론 엠페레도 라이트, 로소알리칸테, 로소베로나, 네로마퀴나, 그린마블, 갈랄라, 씨블랙

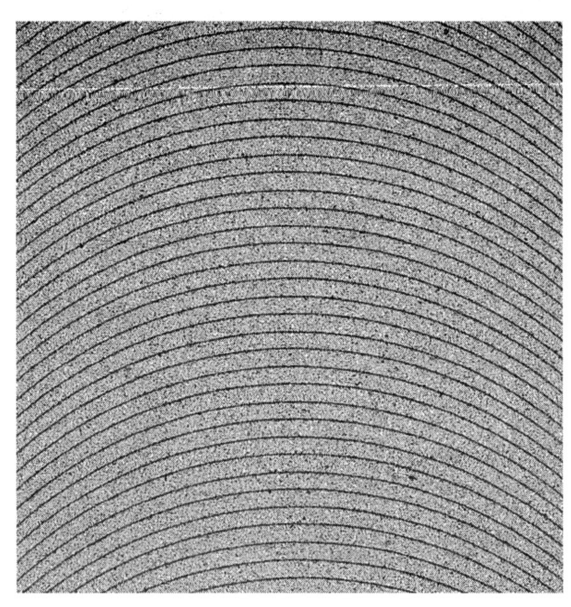

* 손다듬기

손망치나 정을 사용해 타격 횟수나 날의 크기, 간격에 따라 무늬를 만들어 내는 기본적인 방식. 잔다듬, 도드락다듬, 정다듬, 혹두기등의 순으로 표면의 질감이 커진다.

*물갈기 마감

재단된 거친 표면을 평평하게 하기 위해 문지르는 과정으로 톱날 정도만 없앤 거친 갈기, 매끄러운 광택이 특징이며, 연재로 무광택의 면을 연출한 본 갈기 등이 주로 사용된다. 표면이 매끄러울수록 오염이 덜되고, 광택이 적을수록 마모에 강한 장점이 있다.

*버너구이 마감

고열의 불꽃을 이용해 석재 표면을 구워 약한 부위를 떨어뜨려 내는 방식으로 잔다듬의 표면과 비슷하고 미끄러지지 않는 논슬립 효과가 있는 마감이다.

*물다듬 마감

워터젯 마감으로도 불리며 고압수를 이용해 질감을 표현하는 방법으로 다양한 무늬를 연출할 수 있고 거칠거나 부드럽게 조절이 가능하다.

*샌드블라스트 마감

석재 표면에 모래를 고압으로 분사하여 깎아내는 마감 방식으로 고무판으로 모양을 붙이고 깊이를 조절해 무늬를 새길 수 있으며 유리에도 시공이 가능하다.

*혹두기

표면을 천연의 돌처럼 보이기 위하여 메다듬으로 불룩하게 가공하고 건물의 저 면 또는 포인트를 주기위해 사용된다.

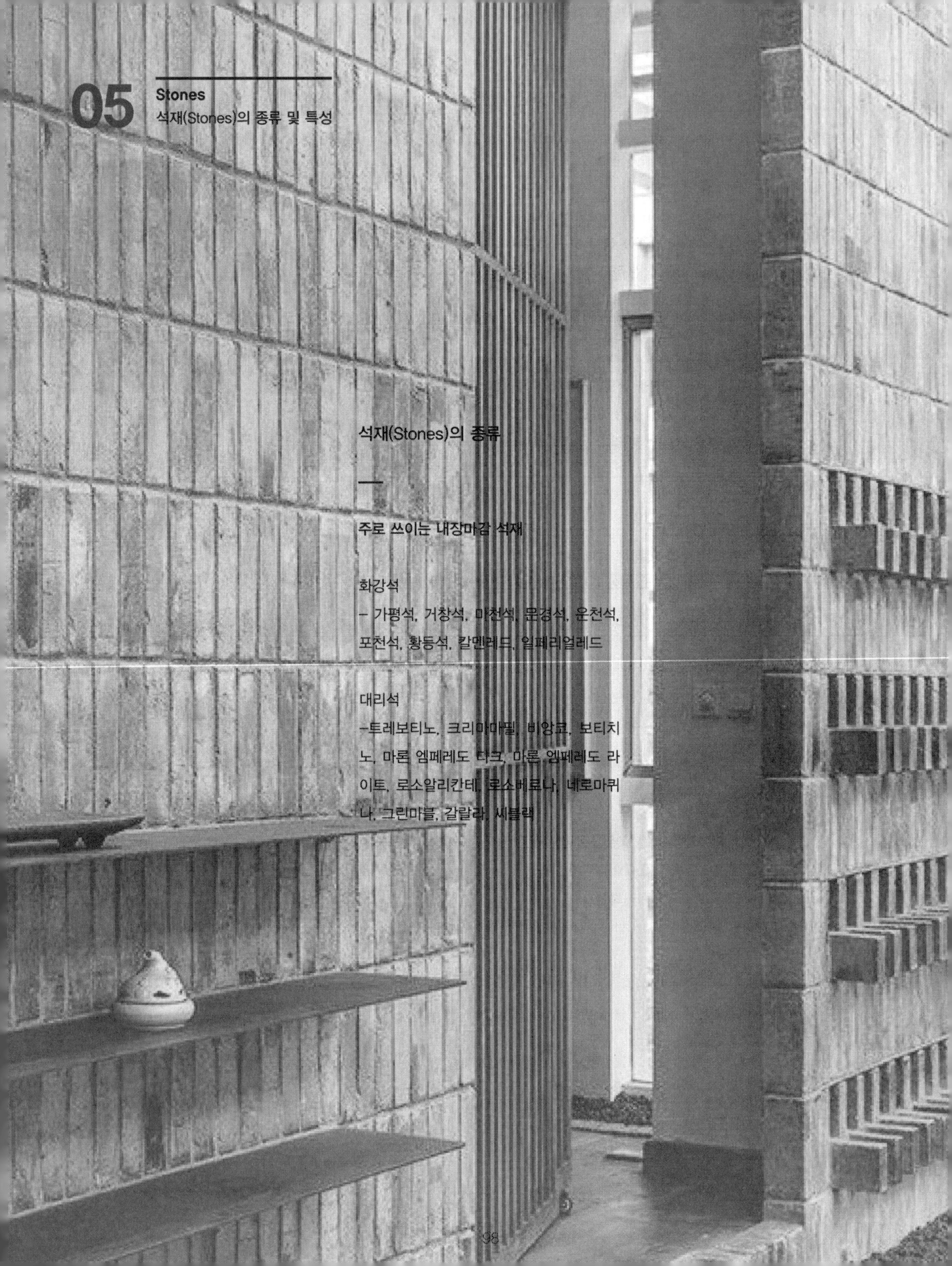

05 Stones

석재(Stones)의 종류 및 특성

석재(Stones)의 종류

주로 쓰이는 내장마감 석재

화강석
– 가평석, 거창석, 마천석, 문경석, 운천석, 포천석, 황등석, 칼멘레드, 임페리얼레드

대리석
–트레보티노, 크리마마필, 비앙코, 보티치노, 마론 엠페레도 다크, 마론 엠페레도 라이트, 로소알리칸테, 로소베로나, 네로마퀴나, 그린마블, 갈랄라, 씨블랙

1 화강암

–단단하고 내구성과 강도가 크다
– 큰 판재를 생산할 수 있어 대형 구조재로 사용이 가능하다
–내화성이 약해 고열을 받는 곳에 적합하지 않다
–너무 단단해서 세밀한 가공이 필요한 곳에 적합하지 않다
–주로 건축 내장, 외장재로 쓰인다

2 현무암

–고열에 깨지거나 갈라지지 않고 녹는 특징이 있다
–다공질 구조로 되어 있다
–미네랄이 풍부하고 높은 원적외선을 방출한다
–패널 형식으로 가공돼 외장 마감재나 외부 디딤돌로 사용된다

3 사암

–모래로 이루어진 암석으로 옅은 회색 또는 담색을 띄고 있다
–연마해도 광택이 없다
–강도가 좋지 않아 풍화가 쉽다
–규산질 사암은 내구성이 우수해 외벽재나 구조재로 사용이 가능하다
–석회질 사암, 철분 사암은 내구성이 약하고 흡수율이 높아 내장재로만 사용한다

4 점판암

–탄소를 포함하고 있어 회색 또는 흑색이다
–얇은 판으로 가공이 가능해 천연 슬레이트라고도 한다
–화강암보다 탄력은 좋지만 내구성이 떨어진다
–쪼개지면 질감이 독특해 훌륭한 장식효과를 낼 수 있다
–지붕재나 바닥재로 주로 쓰인다

5 응회암

–다공질 암석으로 내화성은 크지만 강도는 약하다
–흡수율이 높아 풍화되기 쉬우며 변색이 쉽게 일어난다
–강도가 약하고 가벼워서 가공성이 좋다
–가격이 저렴해 구조재나 실내외 장식재로 흔히 사용한다

6 대리석

–색조가 다양하고 광택이 있는 암석이다
–강도는 높지만 내구성이 약하고, 내화성이 떨어져 열을 받으면 변색 및 광택이 지워진다
–주로 외국에서 수입하기 때문에 고가의 마감재이다
–외장재로는 사용되지 않고 주로 실내장식재로 사용된다

7 사문암

–암녹색 바탕에 흑백색의 무늬가 있는 암석이다
–강도가 약하고 알칼리 성분에 약하다
–풍화가 쉽게 일어나 건물 외장용으론 사용이 적합하지 않다
–실내 장식용으로 주로 쓰이며 대리석의 대용으로 주로 사용된다

8 석회암

–석질이 치밀하지만 내산성, 내화성이 부족하다
–광택효과가 크지 않다
–주로 콘크리트의 원료로 사용되나 내부 장식용으로 사용되기도 한다

9 안산암

–화강암과 성질이 비슷해 내구성과 강도가 좋다
–화강암보다 내화성이 우수하다
–대형 판재를 얻기가 어렵다
–광택이 없어 주로 구조용으로 많이 사용된다

05

Stones

석재(Stones)의 종류 및 특성

석재(Stones)의 특징

장점은 불연성이고 압축강도가 크고 종류가 다양하고, 동일 종류라도 산지나 조직에 따라 다양한 무늬가 나타난다. 또한 질감의 문양이 아름답고, 치밀하며 물갈기 등 갈면 광택이 난다. 단점으로는 인장강도는압축강도의 1/10~1/40 정도이고 큰 부재를 얻기 어려우므로 가구재로는 부적당하다. 비중이 크고 가공이 힘들고 불에 닿으며 화강석은 균열이나 박리 및 파괴되며, 대리석 등은 분해되어 저항력을 상실하게 된다.

대리석

—

가장 유명한 석재의 종류로 대리석은 밝은 색과 특유의 고급스러운 패턴을 보인다. 인테리어 자재 로 다양하게 사용되고 있는 석재의 종류다. 고급스러운 디자인으로 호평을 받지만, 가격대가 높다는 단점이 있으며 외부 충격에 약하여 관리가 필요하다. 대리석이 사용되는 곳은 벽과 바닥, 싱크대의 상판 등에 사용된다.

05 Stones
석재(Stones)의 종류 및 특성

비앙코 카라라 Bianco Carrara

고급스럽고 트렌디하며 비앙코 카라라는 줄임말로 비앙코라 불리며 요즘 고급 전원 주택이나 타운하우스 등에 건축 자재로 많은 인기를 얻고 대리석으로 이탈리아 카라라 부근에서 나오는 천연석이다. 중세 시대부터 사용되었던 고급 건축자재이며 화이트로 알고있지만 실제로는 밝은 회색톤 (라이트 그레이)를 가지고 있는 마블 무늬의 대리석이다. 비앙코는 건축, 인테리어, 가구 자재등의 용도로 자주 사용되며 이태리 천연 대리석 중에서 가격이 저렴하고 내구성이 좋아 현재 많이 사용되는 소재 중 하나다.

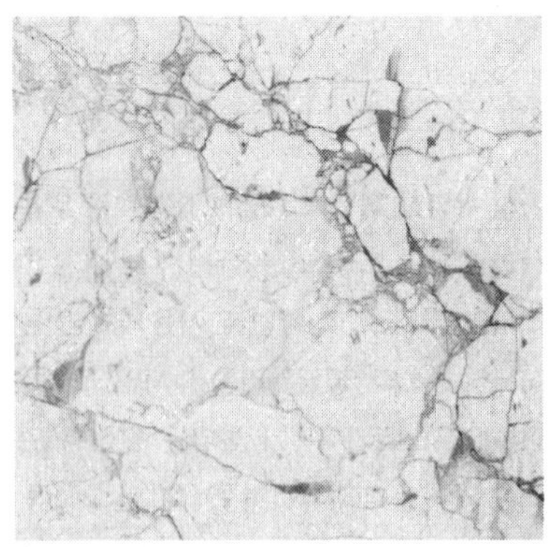

05 Stones

석재(Stones)의 종류 및 특성

크레마마필 Crema Marfil

은은하고 고급스러운 크레마마필의 원산지는 스페인 코토 산지이며, 이름에서 알 수 있듯 크림색과 아이보리색이 배합된 컬러가 특징이다. 최근 패션 · 인테리어 업계에서 지구의 땅에서 볼 수 있는 색상을 뜻하는 어스 톤 (Eath Tone)이 주목 받고 있는데 이런 따뜻한 색조의 크레마 마필은 어스톤의 인테리어를 연출하는데 제격이다.

05 Stones

석재(Stones)의 종류 및 특성

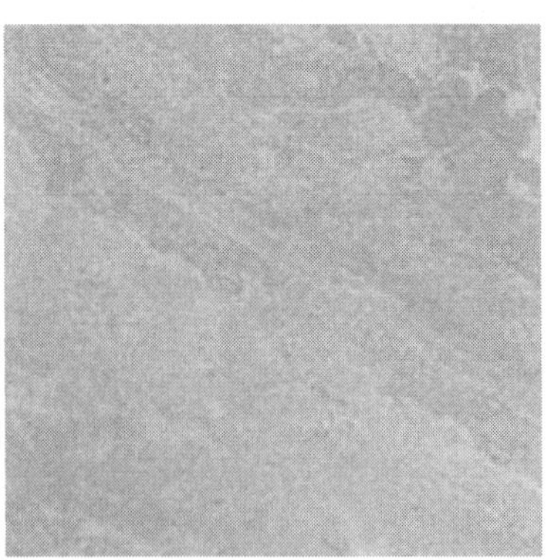

보티치노 Botticino

은은하고 고급스러운 보티치노의 원산지는 이탈리아이며, 명칭은 이탈리아 보티치노 지역에서 유래되었다. 특징으로는 아이보리톤의 반투명함과 불규칙적이면서도 미세한 라인이라 볼 수 있다. 단점으로는 대부분 천연석이 그렇겠지만 어느 정도의 이색은 인지하고 사용해야 한다.

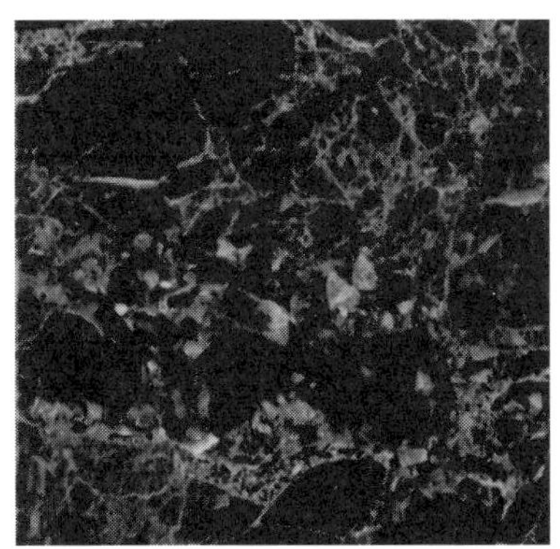

마론 엠페라도 다크

Maron Emperador Dark

마네로한 느낌의 대리석으로 브라운이지만 투명한 결정의 집합체이며 베인들이 여러 방향으로 배치되어 있다. 브라운의 색상은 진한 밤색부터~밝은 잘 구워진 쿠키색상까지 한 슬랩에 분포되어 있다. 단점은 돌이 약하다보니 파손이 잦다. 흡수율이 높은 건 아니고 잘 부러지는 특성이 있다. 고풍스러운 쇼파나 가구에 잘 어울리고 호텔이나 오피스 등 한쪽 벽면에 전체적으로 설치하면 더욱 고풍스럽다. 다른대리석의 포인트로도 제격이다.

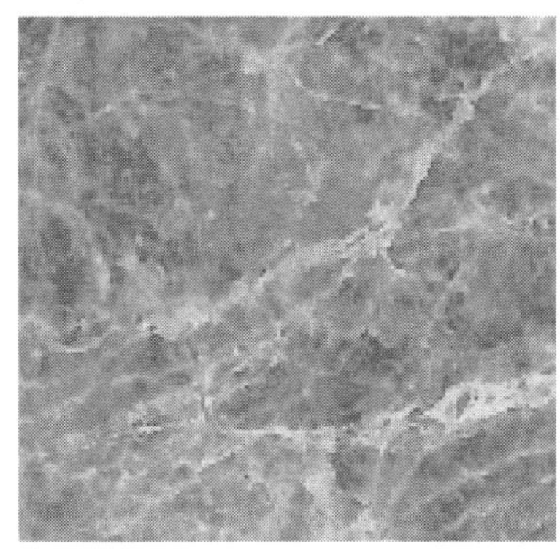

마론 엠페라도 라이트

Maron Emperador Light

마론 엠페라도 다크의 자매품인 스페인산 오리지널 마론엠페라도라이트는 다크에 비해 밝은 색이며 나름대로 깊이감 있는 대리석이다. 또한 가구 상판이나 넓은 홀바닥 중후하게 근사하게 사용된다. 단 스페인산 한해서 추천하고 터키산은 다소 밝은 느낌이다.

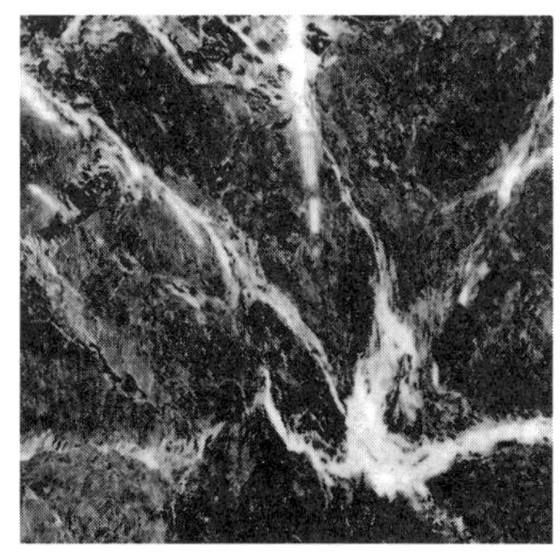

그린마블

Green Marble

그린마블 원산지는 대만으로 그린계열이고 천연 석재이므로 색상/무늬에 따라 달라보일 수 있다.

05 Stones

석재(Stones)의 종류 및 특성

로조 알리칸테

Rosso Alicante

도자기 같은 느낌의 스페인산 대리석으로 적갈색 점토에 꼼꼼히 유약을 발라 구워놓은 천연대리석이다. 색상이 주홍에 때로는 주황에 가깝다 보니 순수 빨간색을 선호하지 않는 대한민국 정서에 딱 맞는 레드계열의 대리석으로 많이 사용되던 자재이다. 수요가 줄기는 했으나 아직 많이 찾고 있는 자재이다. 같은 스페인산인 크레마마필과 잘 어울려 포인트석으로 많이 사용된다. 포인트월이나 인포데스크 가구등에 제격이고 친밀도가 높은 특징이 있다.

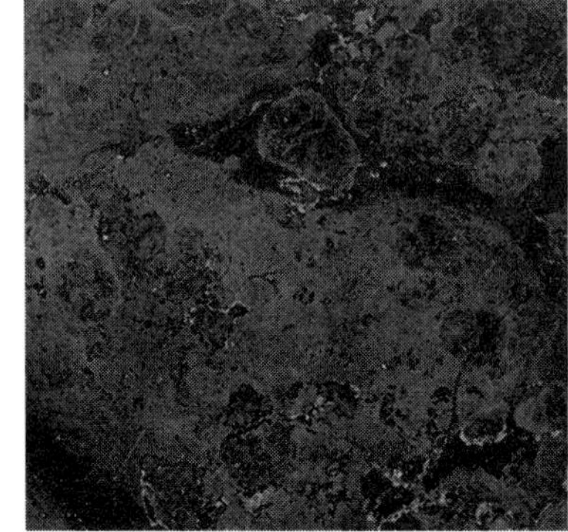

로조 베로나

Rosso Verona

따뜻한 느낌의 붉은색 바탕과 파스텔 돈의 라운드 모양의 패턴이 잘 조화되어 부드럽고 고급스러운 느낌을 주는 대리석이다. 생산지는 베로나 지방이다.

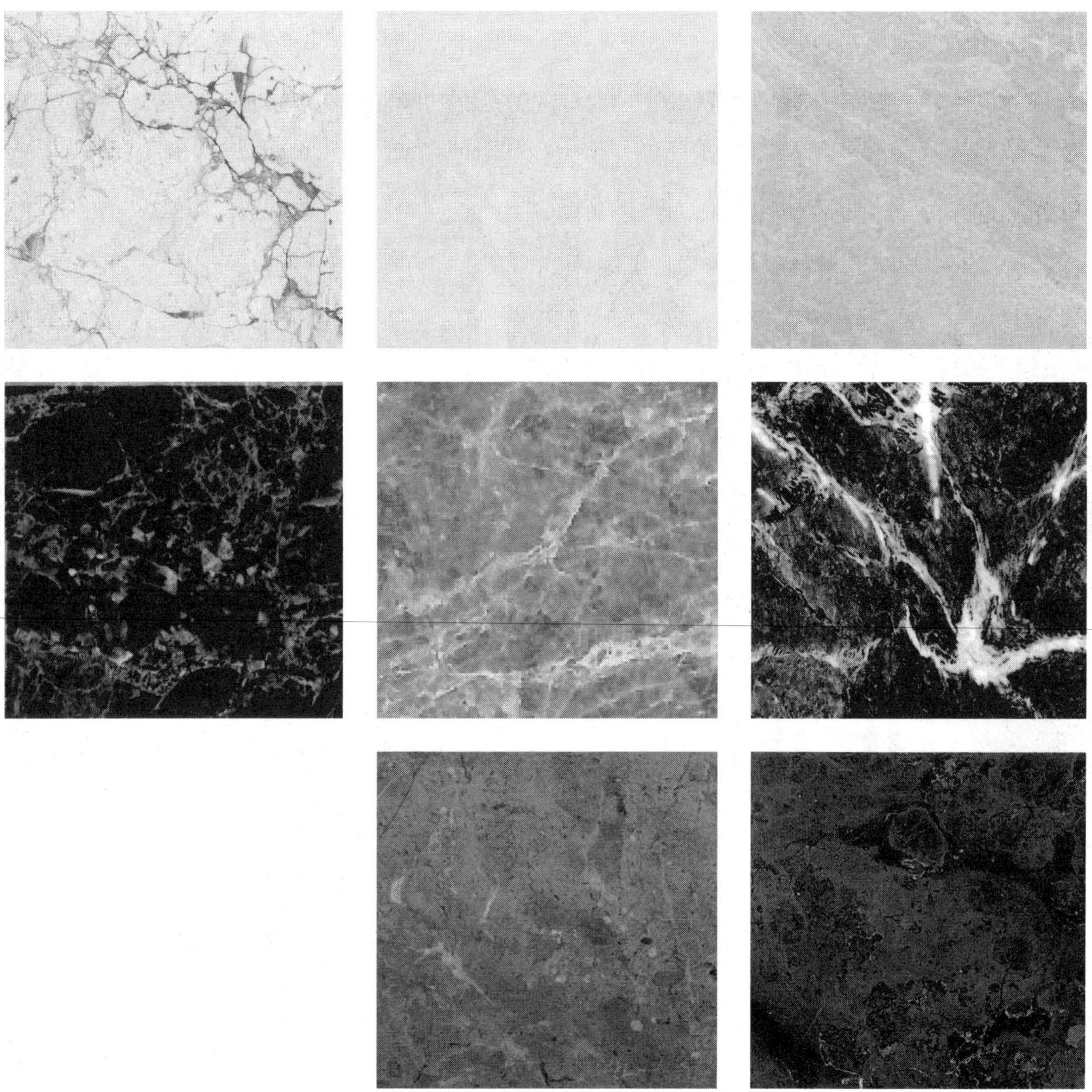

05 Stones

석재(Stones)의 종류 및 특성

화강석

—

검정색과 회색의 반점이 특징인 화강석은 아주 오래 전부터 건축에서 사용되었다. 우리나라에 많이 분포가 되어있는 것이 바로 화강암이다. 구하기가 쉬운 만큼 단가가 저렴한 장점이 있다. 화강석의 경우 일반적으로 건물을 지을 때 많이 사용된다. 외장이 비교적 아름다워 토목 건축에서 장식재로 사용가능하다. 너무 견고하여 세밀한 조각이 불가능하다. 종류는 국내산이 주류를 이루고 문경석, 포천석, 고흥석, 마천석, 가평석 등이 대표적이다.

05 Stones

석재(Stones)의 종류 및 특성

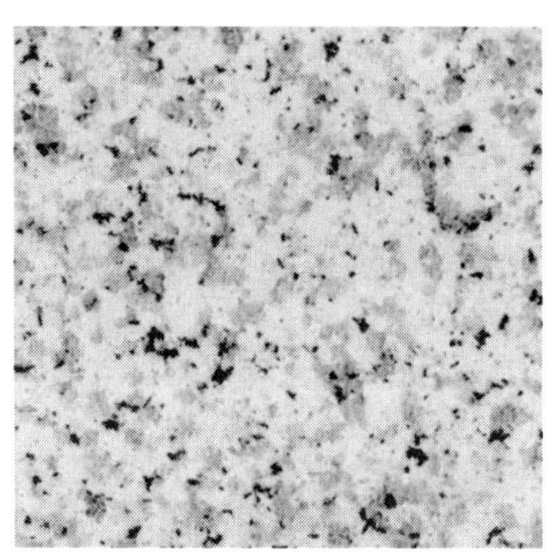

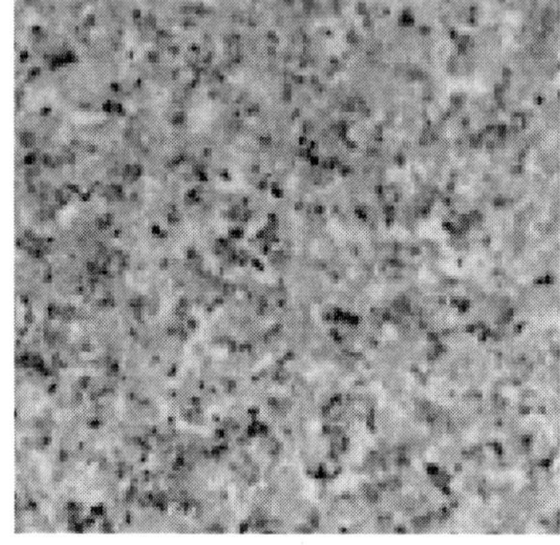

가평석

원산지는 주로 한국과 중국이며 연마, 혼드, 잔다듬 마감이다 색상은 흰색을 띠며 벽의 외부, 내부 그리고 바닥 내부와 상판 등에 사용된다. 가평석은 유색광물이 적게 함유되어 있음에 따라 밝은 회색을 띠고 있고 박리 현상에 의한 것으로 보이는 미세균열이 미세한 방향성을 보여준다.

문경석

문경석은 당석이 담홍색이 많아 전체적으로 분홍빛을 띄며 따뜻한 느낌을 준다. 내장재로 사용하고 연한 붉은색으로 합천석에 비해 부드러우며 입자가 고와서 조각용으로 적합하다.

포천석

포천석은 정석이 백색과 분홍색이 같이 있어 거창석과 문경석 중간정도의 색을 띄며 맑은 빛깔을 띈다. 내장재, 외장재로 사용되며 경기도 포천에서 나오는 화강석으로 국내 조각용으로 가장 많이 사용하는 석재이다.

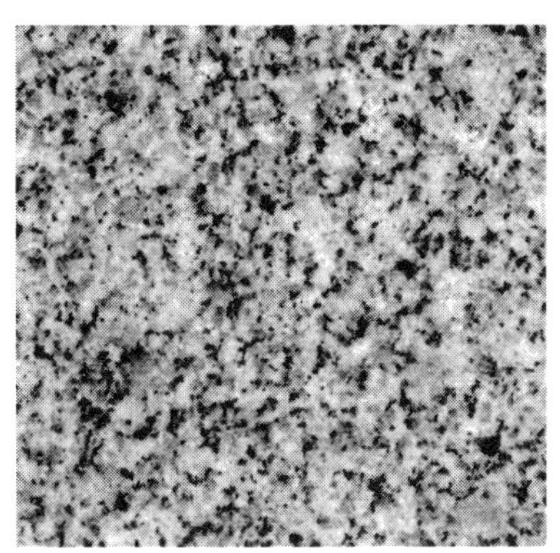

거창석

검정색위의 하얀색의 점들이 박힌것처럼 보여지는 돌로 과거에는 많이 사용되었다. 내부건축재 중 벽재나 구조재, 장식재로서 우수한 수준의 품질특성을 나타내고 있다. 거창석은 마모저항성이 매우 우수한 수준을 기록하므로 내부 바닥재, 계단재로서도 우수한 수준으로 적용될 수 있다. 또한 광물입자가 균일하고 색상이 일양함을 감안하여 공예, 조각, 기념비, 비석등의 용도로도 우수한 수준으로 적용할 수 있다.

마천석

마천석은 운모가 주를 이루는 석재로 검은색이다. 운모는 약하여 버너가 어려워 주로 연마로 가공하여 사용한다. 마천석은 국내 유일한 검정색 화강석이다. 원석이 크지 않아서 다량의 큰판재 사용엔 문제가 있으나 600*1500mm 정도의 사이즈는 무난하다.

갤럭시 블랙 Galaxy Black

갤럭시블랙/블랙갤럭시/스타갤럭시로도 불리며 원산지는 인도이다. 천연 화강석으로 내구성이 우수하다. 블랙계열에 반짝이는 점들로 이루어져 있고 블랙/화이트 인테리어 구조에 많이 사용되고 있다. 블랙그라운드에 미세한 펄이 주특징인 고급화강석의 일종이다. 해당 석종의 고유 특징을 살리기 어렵기 때문에 사전에 사용 목적을 명확히 해야한다.

05 Stones
석재(Stones)의 종류 및 특성

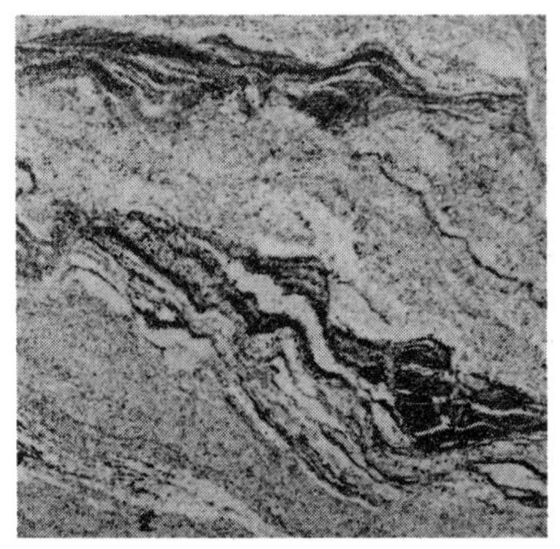

비스콘 화이트 Viscont White

비스콘 화이트는 캐쥬얼하고 스타일리쉬한 연출이 가능하다. 폴리싱 상태에서도 파스텔톤 느낌이 강하다는 것이 특징이다. 이 석종은 그 자체로 파스텔본이다. 고급진 인테리어 디자인으로 최적이고 각종 테이블, 인포데스크, 포인트 월, 복도바닥, 계단 등 모든 부위에 적용가능하다. 고효율저비용이란 점이 가장 큰 특징이고 물성은 화강암으로 아주 강하며 마감은 폴리싱, 혼딩, 샌드블라스팅, 버닝으로 쓸 수 있다.

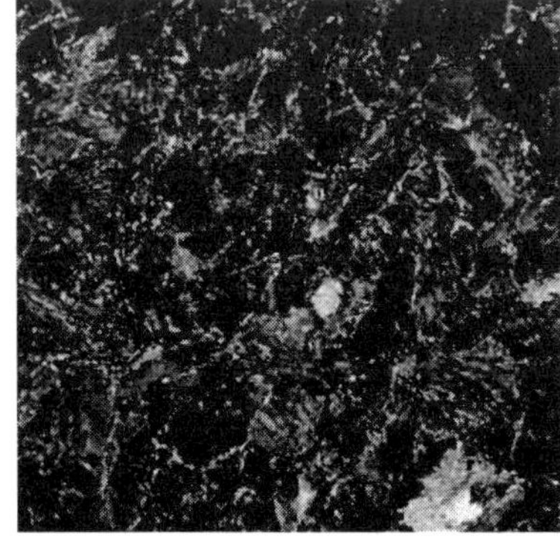

에메랄드 펄 Emerald Pearl

원산지는 노르웨이로 펄(Pearl)이라는 단어가 들어간 석종은 표면 상, 일부 입자가 반짝거리는 현상을 보입니다. 인위적인 반짝임이 아닌 석종 고유 특성이다. 이 같은 특성으로 에메랄드펄의 반짝임 정도는 시각적 각도에 따라 달라진다.

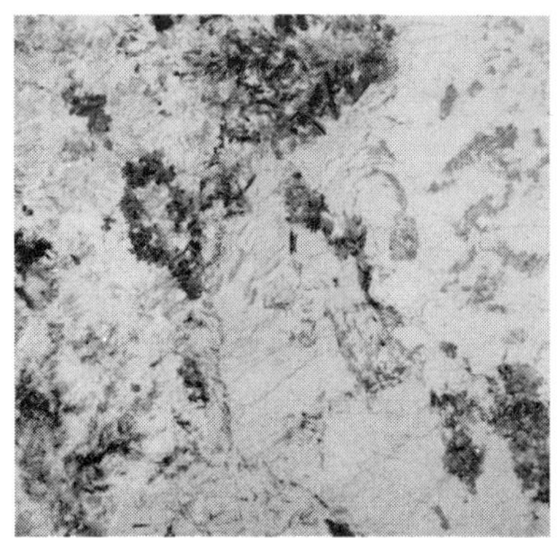

알피너스

기본이 베이지 색상이고 천연 화강석이기 때문에 재단하는 부위마다 느낌이 다르다. 원산지는 브라질이며 실내 벽재나 바닥재, 상판, 젠다이 등에 적합하다. 주로 골드와 매치했을때 고급스러운 분위기를 연출할 수 있다.

크리스탈 우드

원산지는 이태리며 주로 실내 벽재와바닥재, 상판, 젠다이 등에 사용된다. 베이지 계열을 띄고 폴리싱마감을 원칙으로 한다.

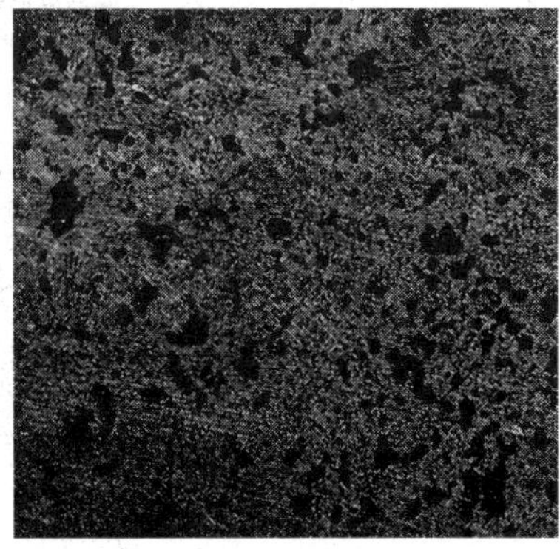

현무암

현무암은 강력한 흡착, 탈취력이 뛰어나 각종 냄새를 제거한다. 건축 내외장 마감재, 온돌, 내외장 판재, 보차도용 블록, 보강콘크리트, 골재, 타일로 사용된다. 또한 방사성 물질이 상대적으로 적어 인체에 유익한 석재이다. 풍화에 강하며 시간이 지날수록 본연의 검은 색조가 더욱 짙어지는 특징이 있다.

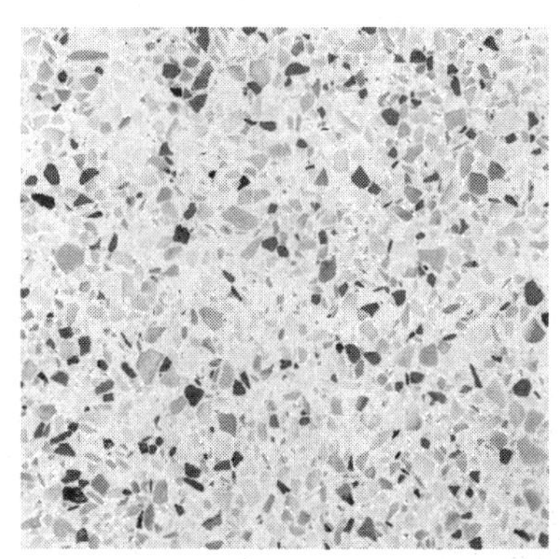

테라조 Terazzo

고급스럽고 다양한 컬러감으로 개성있는 공간연출. 단단한 내구성을 가지고 있는 테라조는 충격에 강하며, 쉽게 마모되지 않는다. 또한 방수가 잘되는 장점이 있고 오염에 강하고 청소가 간편하다. 그렇기에 평소 얼룩이 신경쓰이는 주방 혹은 욕실에 안성맞춤 마감재이다.

05 Stones

석재(Stones)의 종류 및 특성

Chapter.6

TILE

06 Tile
타일(Tile)이란?

타일(Tile)이란?

—

점토, 암석의 분말을 성형, 소성하여 만든 제품의 총칭을 말하며 건축 내 · 외장재로 널리 사용되는 재료 중 하나로 과거에는 부엌, 화장실 등 일부분에만 쓰였으나 근래에는 여러 공법에 의한 시제품의 개발 등으로 타일의 대형화, 색상, 무늬, 질감 등 개발이 매우 급진전되어 다양한 건축적 표현을 충족시킬 수 있게 되었다. 타일 스타일로는 한 장씩 떨어져 있는 것과 여러 개가 붙어져 한판형으로 만든 기하학적인 패턴으로 구성된 것과 벽돌, 기와, 돌, 금속 등의 느낌이 드는 것 등의 여러 가지 제품이 사용되고 있다.

06 Tile
타일(Tile)의 역사

타일(Tile)의 역사

타일은 18세기 영국의 산업혁명을 통해 현대인의 일상적 재료로 자리잡았다. 이전까지 타일은 제작 과정이 까다롭고 수공비가 많이 들어 중국의 도자기와 보석만큼 귀한 재료로 여겨졌으며 왕, 귀족 부르주아들의 사치품이었다. 하지만 기차가 질 좋은 흙을 실어 날랐고, 타일 전사 기법과 건식제조 기술이 발명됨에 따라 생산과정이 간단해진다. 19세기에 이르러 자본주의 체제가 완성되면서 건축 붐이 일어나 공공시설물과 주택을 타일로 장식하며 중산층에까지 널리 보급되게 된다.

타일(Tile)의 쓰임

건물의 내외장재로 쓰이는 건축용 판석은 고유한 색상과 무늬, 그리고 표면의 질감을 처리하는 방법에 따라 다채로운 모습으로 변하며 건물의 외관과 분위기를 좌우한다. 표면 처리 방법은 연마, 버너구이, 잔다듬, 줄다듬, 혹두기 등이 있다. 연마는 연마석을 이용하여 광택이 나도록 매끈하게 갈아내는 방법으로 내장재에 많이 쓰인다. 반면 날망치나 기계로 표면을 쪼는 잔다듬은 주로 외장재에 쓰인다. 버너구이는 표면에 열을 가하여 거칠게 가공하는 방법으로 잔다듬과 마찬가지로 외장재에 주로 쓰이는데 비용이 더 저렴하다. 줄다듬은 줄톱으로 표면에 줄을 내는 방법이고 마지막으로 혹두기는 표면을 울퉁불퉁한 혹 모양으로 쪼는 것으로 주로 전통 건축에 사용된다.

06 Tile
타일(Tile)의 종류 및 특성

타일(Tile)의 종류

—

[용도에 의한 분류]
외장용 타일, 내장용 타일, 바닥용 타일, 모자이크 타일, 특수용 타일

[성형에 의한 분류]
건식 : 간단한 형태의 보통 타일을 제조할 때 주로 사용된다. 치수 및 정밀도가 높고 능률적이라 내장 타일, 바닥 타일, 모자이크 타일 제조에 유리하다.
습식 : 정밀도는 낮으나 복잡한 형상의 타일 제조에 유리하다.

[소지의 질에 의한 분류]
도기질, 석기질, 자기질

[형상에 의한 분류]
일반적인 타일 : 정사각형, 직사각형, 정육각형, 팔각형 등
표면처리 타일 : 스크래치 타일, 태피스트리 타일, 천무늬 타일, 클링커 타일
특수 형상 타일 : 보더타일, 모자이크 타일, 둥근모 타일, 불록 타일, 면접기 타일

자기질타일

도기질타일

용도에 따른 분류

—

타일은 종류와 형상 및 용도에 따라 외부용, 내부용 또는 벽과 바닥용으로 구분한다.

[내벽용 타일]
건물의 내벽에 사용되는 타일로, 흡수성이 약간 있고 외기에 대한 저항력이 작은 도기질, 반자기질이 주로 사용된다.

[외벽용 타일]
건물의 외벽에 사용되는 타일로, 흡수율이 낮고 강도가 큰 자기질이나 석기질이 주로 사용된다.

[내부 바닥용 타일]
내부 바닥용은 흡수성이 거의 없고 경질이며 내마모성이 큰 자기질이나 석기질이 사용된다.

[특수형 타일]
보더타일 : 가늘고 길게 된 봉형의 시유제품으로 걸레받이나 징두리용으로 사용된다.

모자이크 타일 : 모자이크 타일 중에서 11mm 각 Huttorn Paper에 줄눈을 미리 나누어 붙인 상태로 판매된다.

아트 모자이크 타일 : 모자이크 타일 중에서 11mm 각 이하의 극히 작은 타일로 무늬나 회화 등을 표현할 때 사용된다.
라스 모자이크 라고도 한다.

논슬립 타일 : 미끄럼 방지 이용으로 계단의 디딤판 끝 부분에 사용된다.

06

Tile
타일(Tile)의 종류 및 특성

세라믹 & 자기타일

—

자기타일은 얼룩과 침투성에 강하다. 완전히 자기화 된 타일은 내구성이 좋고 유지비가 적게 들며 화학약품과 기후 변화에 강하다. 세라믹은 자기보다 내구력이 떨어지지만 그래도 물이나 얼룩에 강하므로 벽이나 바닥에 적합하다.

특수타일

—

특수타일은 한때 전문가용으로 여겨졌던 타일이 이제는 매우 일반적으로 쓰인다. 제품의 종류가 계속 증가하므로 선택의 범위는 무한대이다. 예를들어 손으로 그린 타일 혹은 디지털로 프린트된 타일, 은이나 금처럼 보이기 위해 금속 유약을 발라 구운 타일, 상감한 타일 등이 있다. 디지털 기술은 자신이 원하는 이미지를 세라믹타일 하나에 옮기거나 원한다면 벽 전체에 프린팅함으로써 자신만의 디자인을 만들 수 있다.

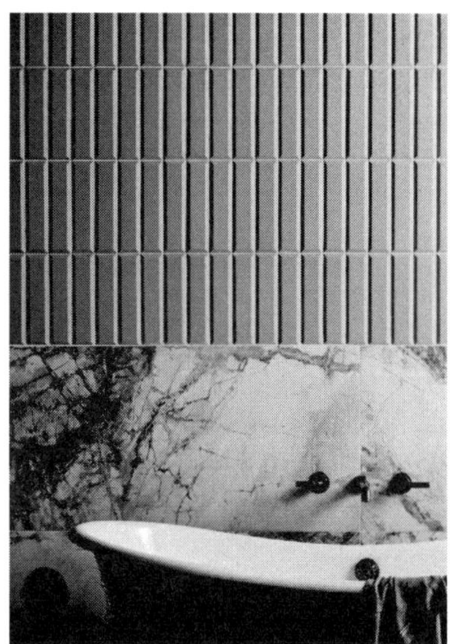

테라코타

—

테라코타란 이탈리아어로 '구운 흙' 이라는 뜻으로 자토를 반죽하여 형틀로 찍어 내어 소성한 속이 빈 점토 제품이다. 테라코타는 구조용과 장식용의 2가지 종류로 대별 할 수 있다.

[구조용 테라코타]

바닥, 칸막이벽 등에 사용되는 공동 벽돌

[장식용 테라코타]

내 · 외장식용으로서 주문 제작한 것으로 두꺼운 타일과 같이 되어 있는 판형, 쇠시리형 또는 조각물이 있고 주로 난간벽, 돌림대, 창대, 주두 등에 많이 쓰인다.

06 Tile
타일(Tile)의 종류 및 특성

자기타일

세라믹타일

모자이크타일

테라코타

Chapter.7

PAPER

07 Paper
벽지(Paper)란?

벽지(Paper)란?

—

도배지는 도배하는데 쓰이나 종이나 천 등의 재료를 말한다. 도배지는 도배하는 곳에 따라 벽에 바르는 벽지, 반자에 바르는 반자지, 창호에 바르는 창호지, 방바닥에 바르는 장판지로 구분하기도 하지만 일상적으로 벽지가 많은 비중을 차지하므로 도배지를 '벽지' 라고 통칭한다.

벽지란 종이제, 섬유제, 플라스틱제 및 금속박제 등의 것으로 가공성이 있고 접착제로 붙이는 것을 의미하며, 미리 접착제나 점착제를 도포한 것도 포함한다. 벽, 천장, 바닥의 장식 및 보호를 위하여 바르는 벽지는 소재에 따라 종이벽지, 직물 벽지, 비닐벽지, 목질계 벽지 및 무기질 벽지로 구분하며 이러한 재료를 벽, 천장, 바닥 등에 접착제를 사용하여 붙이는 공사를 도배공사라고 한다. 벽지를 선정할 때는 내구성, 내후성, 내마모성, 내충격성 등의 재질적 성능과 장식성, 내오염성 등의 기능성을 고려해야 한다.

07 Paper
벽지(Paper)의 역사

벽지(Paper)의 역사

도배지의 역사는 생활문화의 차이에 의해서 서양문화, 중국문화로 나눠진다. 종이제조법의 기원은 2세기 중국이며 한국을 거쳐 7세기경 일본에 전해졌다. 서양에서는 13~15세기에 걸쳐 영국, 독일 등에서 종이 제조기술이 개발되어 대량생산이 가능하게 되어 일반에 보급되기에 이르렀다. 이때의 인쇄기술은 흑색 잉크를 사용한 목판화가 주류였으나 17세기에 착색이 가능한 스텐실 인쇄가 사용되었으며, 그 후 산업혁명에 의해 종이의 대량생산이 가능하게 되었고, 더불어 인쇄기술의 발달과 함께 널리 보급되었다. 따라서 벽화와 태피스트리로 벽면을 장식하는 실내장식 수법이 발전하고 있었으며 16~18세기에 이르러서는 벽면에 직물을 붙이게 되면서부터 더욱 발전되어 오늘날 실내장식의 중요한 요소가 된 벽지로 발전했다고 볼 수 있다.

벽지(Paper)의 쓰임

벽지의 주요한 기능으로 벽체 보호와 마감재로서의 역할을 들 수 있다. 벽체 바탕의 거칠고 딱딱하 느낌을 감싸주어 부드러운 감각을 느끼게 해 줄 뿐만 아니라 벽지의 특징인 다양한 색상, 디자인에 따라 선택의 폭이 넓어 실내분위기에 적합하게 또는 조화롭게 사용 가능케 해주는 기능을 갖고 있다. 벽지를 비롯한 도배지는 주로 주거공간의 쾌적함과 실내분위기의 변화를 주기 위해 마무리재료로 사용되고 또한 실내의 보온, 방음, 방습, 통풍방지, 오염방지, 냄새제거, 방화성능 등의 다양한 기능성을 보강해 주는 등 주거용 건축재료로 중료한 부분을 차지하고 있다. 도배지하면 종이가 연상되고 실제로 종이의 쓰임이 많은 비중을 차지하고 있지만 현대에 와서는 종이 대신 비닐 · 섬유 · 목질계 등의 재료개발과 인쇄기술의 발달로 다양한 무늬와 색채를 나타내는 벽지 등이 생산되어 실내 분위기에 맞는 선택의 폭이 넓어지고 있다.

07 Paper
벽지(Paper)의 종류 및 특징

벽지(Paper)의 특징

장점으로는 시공하기 쉽고 가격면에서 큰 부담없이 또한 다양한 재질, 색상 및 무늬 중에서 폭이 넓어 실내 분위기를 바꾸는데 가장 적합한 재료로 할 수 있다. 단점으로는 벽지는 벽의 보호 및 장식을 목적으로 바르는 종이나 천 등의 재료로서, 다른 마감재료에 비해 구성이 떨어지고 빛에 의한 변화와 쉽게 오염 되므로 자주 바꿔주어야 하는 번거러움이 따른다.

벽지(Paper)의 종류

[종이벽지]

일반종이벽지(인쇄, 엠보스)
가공종이벽지(코팅, 지사)

[비닐벽지]

일반비닐벽지
발포비닐벽지
비닐레저벽지

[무기질 벽지]

질석벽지
금속박벽지
유리섬유벽지

[섬유벽지]

천연섬유벽지
(실크, 모직, 마직, 부직포)
합성섬유벽지
(레이온, 나일론, 아크릴)

[목질계벽지]

코르크벽지
무늬목벽지
목포벽지

[초경벽지]

갈포벽지
완포벽지
황마벽지
아바카벽지

07 Paper
벽지(Paper)의 종류 및 특징

종이벽지

종이벽지는 종이를 소재로 한 벽지로서 기본적인 벽지라 할 수 있고, 과거에는 한지로 만든 전통적인 벽지가 사용되었고 현재도 일부 한식주택에 쓰이고 있다. 종이벽지는 잘 찢어지거나 오염되기 쉬우며 내구성 · 통기성 · 기능성면에서 떨어지는 단점이 있는 벽지이지만 시공하기 편리하고 가격도 저렴한 장점도 있어 주택의 벽 · 천장 등의 마감재루 사용하기에 적합한 벽지러 할 수 있다.

[인쇄벽지]

가공하지 않는 일반종이의 원지를 종 · 횡으로 붙인 후 그 표면에 여러 가지 모양의 무늬와 색상이 나타나게 프린트 가공

[엠보스벽지]

무늬가 인쇄된 벽지 위에 무늬에 맞추어 엠보싱 롤러로 눌러 표면에 요철형의 무늬가 돌출되게 하여 입체적인 효과를 얻을 수 있게 인쇄함

[코팅벽지]

종이벽지를 여러 가지 무늬와 색상으로 인쇄한 후 표면에 합성수지로 코팅처리 한 벽지로서 외관으로는 비닐벽지와 흡사한 느낌을 주고 내오염성과 내수성이 일반종이벽지에 비해 많이 보강된 벽지이다.

[지사벽지]

얇게 뜬 종이의 하나인 박엽지를 사용하여 지사(종이로 꼬아 만든 실)를 만들어 섬유직물과 같이 원단을 짠 다음 이를 인쇄벽지에 배접하여 만든 벽지로서 색 · 굵기 및 제지 방법에 따라 다양한 패턴을 나타낸다.

07 Paper
벽지(Paper)의 종류 및 특징

섬유벽지

섬유벽지는 섬유만이 갖고 있는 부드러운 자연미가 있어 온화하고 다양한 색상과 패턴 및 질감에 의한 화려한 분위기를 나타내며, 다른 벽지에 비해 섬유의 특성상 통기성, 보온성, 탄력성, 방음성, 흡음성 등이 우수하여 고급벽지로 사용되고 있다. 단점으로는 쉽게 오염되고 오염에 대한 세척의 어려움과 벽색 · 탈색이 잘 되며, 시공도 어렵다. 또한 비교적 가격이 비싸다는 점이다.

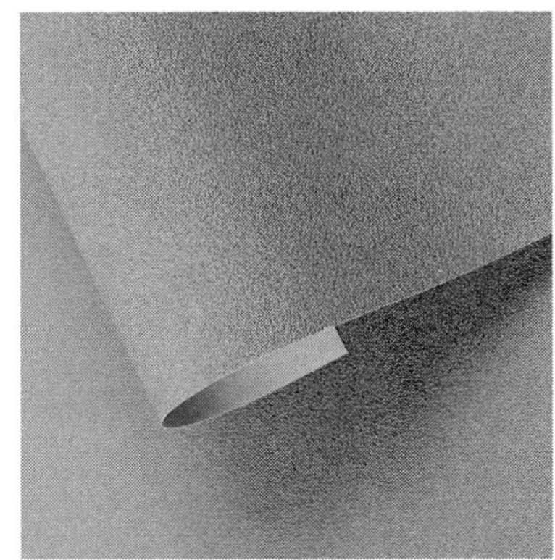

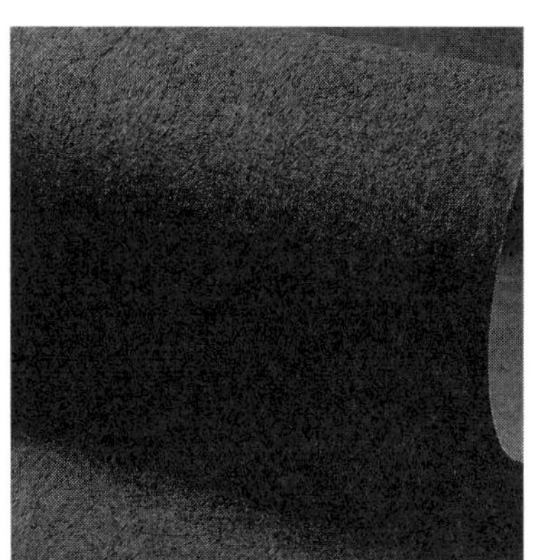

[직물벽지]

섬유벽지의 대표적인 벽지로서 직물을 소재로 하여 만든 벽지이다. 직물벽지는 직물에 따라 천연섬유벽지와 합성섬유벽지, 모직벽지, 마직벽지 등을 들 수 있고 합성섬유벽지에 속하는 벽지로는 레이온벽지, 나일론벽지, 아크릴벽지 등을 들 수 있다.

[실크벽지]

실크사로 짠 견직물을 이지용 원지에 배접하여 만든 벽지이고, 모직벽지는 짐승의 털로 짠 모직물을 이지용 원지에 배접하여 만든 벽지이다. 여기서 이지용 원지는 직물벽지를 만든데 바탕재인 배접용으로 사용되는 종이를 말한다.

[합성섬유벽지]

열에 약하기 때문에 높은 온도에서는 수축되거나 형태의 변화가 오기 쉽고, 오염되기 쉬우며, 불에 타기 쉽다. 재질 자체의 온화한 느낌보다 차가운 느낌을 주기도 한다. 염색성이 좋아 색의 발색이 선명하고 표면 광택이 좋고 탄력성 및 내구성이 우수하다. 또한 다른 벽지에 비해 가격도 저렴하여 실내 분위기에 따라 부분적으로 사용되고 있다.

[부직포 벽지]

일반적으로 방축성 · 내구성이 우수하고, 가벼우며, 통기성이 좋은 이점이 있는 일종의 천이다. 흡음성 또한 뛰어나다.

[스트링벽지]

섬유벽지의 일종으로서 실내디자인 벽지로 많이 사용되고 있다.

07 Paper
벽지(Paper)의 종류 및 특징

비닐벽지

—

비닐벽지는 색상이나 디자인 및 무늬를 다양하게 표현할 수 있고, 대량생산이 가능하여 가격이 저렴할 뿐만 아니라 시공도 용이하다. 비닐벽지는 부엌, 욕실, 탕비실 및 놀이공간 등에 많이 사용되고 있다. 온화한 감보다 차가운 감이 드는 등 감촉이나 재질감이 직물벽지에 비해 뒤떨어진다. 또한 통기성이 나빠 결로의 우려가 있어 곰팡이가 생기기 쉽다. 비닐벽지는 일반 비닐벽지, 발포 비닐벽지, 비닐레저벽지, 캐미칼벽지 등이 있다.

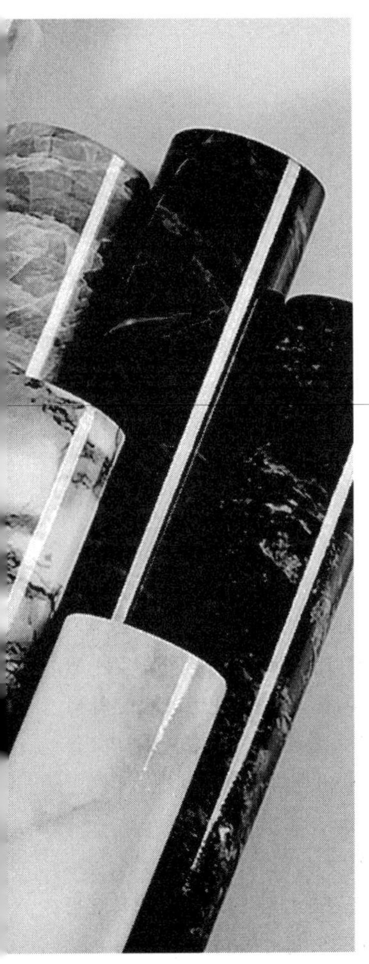

[일반비닐벽지]

이지용 원지의 한 면에 염화비닐필름을 압착시키고, 그 표면에 여러 가지 색무늬 모양과 엠보스 모양으로 가공하여 만든 벽지이다.

[발포비닐벽지]

염화비닐필름 표면을 비닐벽지 특유의 차가운 감을 없애고 부드러운 감을 주는 발포비닐 벽지와 엠보스 가공하여 입체감이 나도록 만든 고발포 비닐벽지 등이 있다. 기포를 함유하고 있기 때문에 보온, 흡음, 방음효과가 있는 벽지라 할 수 있다.

[비닐레더벽지]

레더모양의 질감이 나타나도록 만든 벽지이다. 이 벽지를 만드는 바탕재인 원지는 종이, 천, 부직포 등이 사용된다.

[케미컬벽지]

타일모양의 벽지를 말하는 것으로 타일벽지 라고도 한다. 이 벽지는 화장실이나 주방용으로 사용된다.

07

Paper

벽지(Paper)의 종류 및 특징

[코르크벽지]
성형된 코르크를 얇게 잘라 이지용 원지에 접착시켜 만든 벽지이다. 흡음효과가 우수하고 탄력성, 보온성 및 무독성의 친환경적 벽지이다.

목질계 벽지

목질계 벽지는 나무의 재질을 이용하여 만든 벽지로서, 여러 종류의 나무를 원료로 사용한다. 보온성, 통기성, 흡음성, 탄력성 등이 우수한 친환경적인 벽지라 할 수 있다. 단점으로는 가격이 비싸고 시공성이 떨어진다. 목질계 벽지의 종류로는 코르크벽지, 무늬목벽지, 목포벽지를 들 수 있다.

[무늬목벽지]
원목을 종이처럼 얇게 켜서 만든 무늬목 시트를 이지용 원지에 압착하여 만든 벽지로서 아름다운 나뭇결 및 색깔을 갖는 원목, 즉 나무를 사용하여 만든다. 천연의 나무질감을 나타내어 친환경적인 분위기를 나타낼 수 있다는 것이 특징이다.

[목포벽지]
목재의 질감을 나타내므로 친환경적 분위기 벽지라고도 할 수 있다.

무기질 벽지

무기질 벽지는 질석, 유리섬유, 금속박 같은 무기질 재료를 사용하여 벽지 표면에 배접하여 만든 벽지로서, 외관상 비닐벽지와 비슷하여 비닐벽지와 구별하기 쉽지 않을 정도이다.

[질석벽지]

내화성이 높기 때문에 주로 천장용으로 사용되고 있다.

[금속박벽지]

금속박 위에 무늬 등의 여러 형상으로 인쇄하거나 엠보싱하는 방법으로 하여 금속박벽지의 표면을 아름답게 미장효과를 내기도 한다. 금속성 질감을 나타냄으로써 상업용 건축물의 실내마감용으로 많이 사용되고 있다.

[유리섬유벽지]

방화성능이 있는 반면, 시공 후 제거하기 어려운 결점이 있다. 주로 상업용 건축물의 실내마감용으로 사용된다.

초경 벽지

—

초경벽지는 소재 자체가 자연산 그대로이므로 자연적인 감각을 나타나게 하고 목질계 벽지와 같은 보온성, 통기성, 흡음성, 탄력성이 우수한 친환경적 벽지라 할 수 있다. 또한 수공예벽지라는 점에서 다른 벽지에 비해 싫증나지 않는 등 여러 가지 장점을 갖고 있기 때문에 선호도가 높은 벽지 중 하나이다.

[갈포벽지]

초경벽지의 대표되는 우리나라 전통 민속벽지의 하나이다. 갈포벽지는 표면이 거칠고 자연스러우면서 우아한 느낌이 드는 친환경적 벽지이다. 충격에 약하고 내구성이 떨어지고 오염성이 있는 등 결점도 있다.

[완포벽지]

표면이 거칠고 자연적인 독특한 감각을 주는 벽지이다.

[황마벽지]

외관이 아름답고 깨끗한 친환경적 벽지이다. 색상은 대부분 표백과정을 거치기 때문에 황색을 띄면서 순백색을 나타내고 광택도 많이 나는 특징이 있다.

[아바카벽지]

아바카의 줄기를 이용하여 직조된 것을 배접하여 만든 벽지이다. 줄기에서 뽑은 섬유는 제지 및 피복재로 사용되고 있다. 직조하는 방법에 따라 수직과 기계직으로 구분하기도 한다.

07 Paper

벽지(Paper)의 종류 및 특징

띠벽지

띠벽지는 너비가 좁고 기다랗게 만든 벽지를 말한 것으로 넓은 벽면의 구획을 설정하기 위해 또는 의장효과를 내기 위해 사용하는 벽지이다. 띠벽지의 재질은 종이, 섬유, 비닐, 목질계 등의 벽지 재질과 같고 다만, 패턴 및 색깔 또는 그 조화를 더하는 특수한 고안을 하여 일반벽지와 다르게 만드는 경우가 많다. 패턴 및 색깔 등이 다양하기 때문에 벽 전체를 붙이는 벽지의 패턴 및 색깔을 고려하여 의장상 조화를 이루는 띠벽지를 선정하여 사용하는 것이 좋다.

장판지

장판지는 크고 두꺼운 장지에 식물성 기름을 침투시켜 방습성 있게 만든 종이로서 온돌바닥에 붙일 때 사용되는 도배지의 일종이다. 여기서 장지는 질이 두껍고 질긴 종이로 기름을 먹이고 절여서 만든 종이를 말한다. 장판지는 품질이 좋고 한지를 사용하여 만든 민속장판지인 정통전주장판지가 있지만 근래에는 한지 대신에 양지를 사용하여 만든 장판지가 많다. 장판지의 색상은 황색으로 선명한 것이 대부분이다.

창호지

—

창호지는 창호에 붙이는 질긴 종이를 말한다. 닥나무 껍질을 주원료로 하고 보조원료로 가늘고 길며 질긴 삼베를 풀어 만든 한지를 주로 사용한다. 창호지는 대부분 백색이며 투명도 높은 것이 특징이고, 유리 대신 창호에 붙여 채광 및 보온 역할을 하는 기능을 갖게 한다. 그리고 창호지에 고유의 무늬와 그림 등을 그려 넣은 것을 특히 한식 건물용 창호에 사용함으로서 창호의 전통적인 미적 감각을 더해주는 효과도 갖게 된다.

반자지

—

반자지는 반자(ceiling)에 바르는 종이 등을 말한다. 반자지는 벽에 바르는 벽지와 동일한 것을 사용하는 것이 일반적이지만 특별히 벽체와 구별하기 위해 벽지와 다른 종류의 것을 사용하기도 한다. 벽지와 다른 독특한 재질 · 색상 및 무늬가 있는 것을 사용하는 경우는 실내의 전체적 분위기와 반자형태 등을 고려하여 선정하는 것이 좋다.

Chapter.8

PLASTIC

08 Plastic

플라스틱(Plastic)이란?

플라스틱(Plastic)이란?

플라스틱은 가소성을 가진 고분자 화합물(분자량이 10,000 이상인 큰 화합물), 즉 열 · 압력 등에 의하여 자유자재로 고체물질로 만들어지는 천연 또는 합성의 고분자 화합물에 대한 총칭이다. 일반적으로 합성수지를 뜻한 것으로 합성수지는 석탄, 섬유, 천연가스 등의 원료를 인공적으로 합성시켜 얻어진 고분자 화합물로 합성수지가 가소성이 풍부한 성질이 있어 플라스틱과 같은 뜻으로 쓰이는 경우가 많다. 플라스틱은 여러 가지 우수한 장점 때문에 수장재, 피복재, 접착재, 도료, 실링재 등 건축재료로서 많이 사용되고 있다. 또한 섬유화학공법 발전으로 원료 공급이 풍부해짐에 따라 새로운 제품 개발과 지속적인 품질 향상으로 다른 재료 못지 않게 그 사용 범위가 확대되어 가고 있는 실정이다.

08 Plastic
플라스틱(Plastic)역사

플라스틱(Plastic)의 역사

—

플라스틱이란 말은 약 반세기 전부터 쓰이기 시작하였는데 간단하게 표현하면 '어떤 온도범위에서 가소성을 가진 물질'이라는 뜻으로 쓰이고 있다. 가소성을 가진 물질은 자연계에도 많이 존재하여 송지, Shellac, Asphalt 등이 이에 속한다. 그러나 오늘날 플라스틱이라 부르는 것은 유기합성 고분자물질, 즉 합성수지를 말하고 있다. 합성수지는 석탄, 석유, 천연가스 등의 원료를 인공적으로 합성시켜 얻은 고분자물질을 말한는 것으로서 합성수지가 가소성이 풍부한 성질이 있으므로 플라스틱과 같은 뜻으로 쓰리는 경우가 많다.

플라스틱의 발전이 거듭되어 근래에는 가벼우면서도 단단한 소재 개발이나 성형 기술의 발전에 의해 대부분의 모든 제품에 사용되기에 이르렀다. 합성수지를 주원료로 한 제품에는 판상, 바닥판, 레더 및 필름, 수지관류, 다포질 제품, 도장마감재, 코킹재, 접착제 등 용도에 따라 여러 가지 종류 및 형상이 있으며 최근 건축물의 내외장재로 많이 쓰이고 있다. 대부분의 제조된 재료들은 각자의 자연적인 성질을 보여준다. 그러나 실리카, 아크릴수지, 색소의 첨가는 이 재료들을 원래 상태에서 다른 모습으로 바꾸어준다. 사트, 타일, 판으로 미리 만들어진 이러한 제품들은 특정한 용도에 맞게 디자인 되어 생산된다. 이러한 재료들은 매우 실용적인 특징을 가지며 적은 비용으로 큰 효과를 낼 수 있으며 다양한 텍스처와 색상을 가지고 있다.

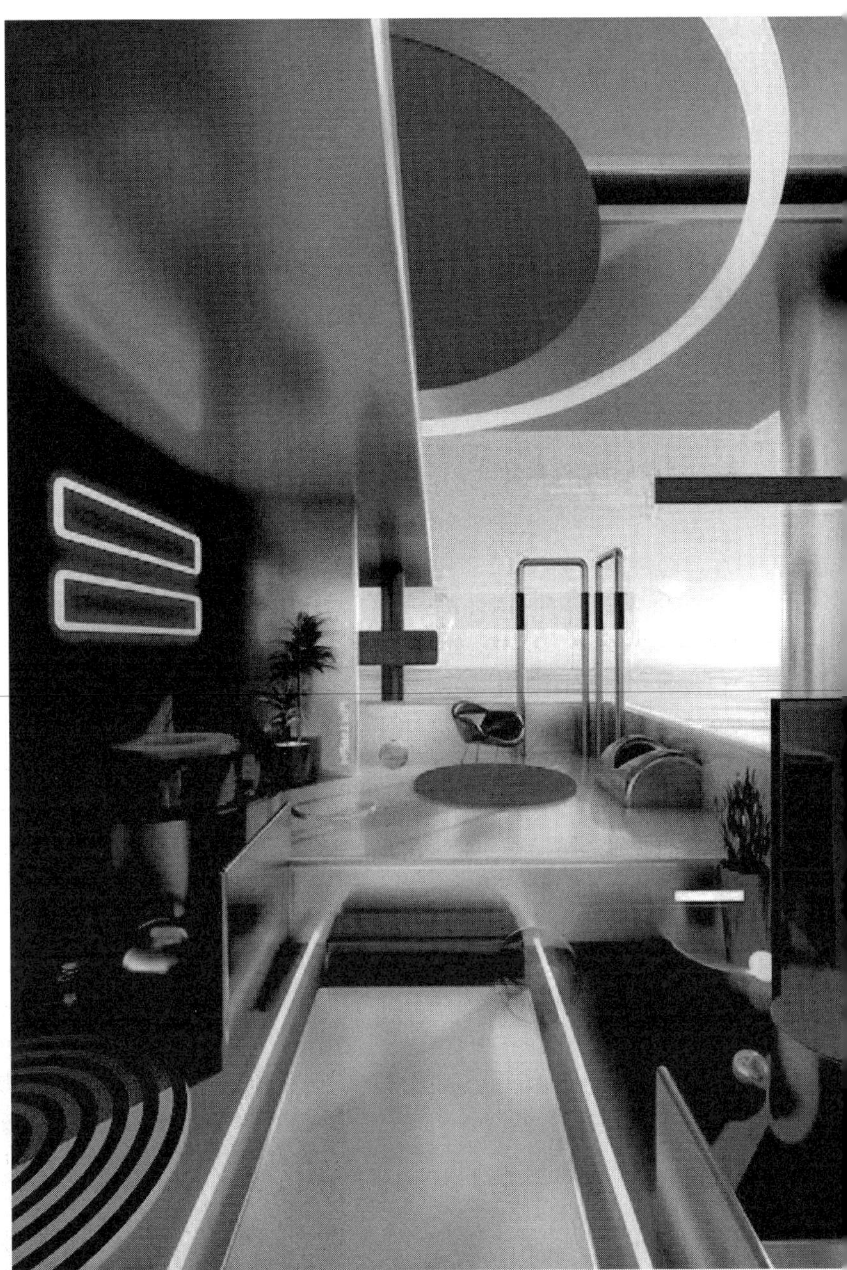

08

Plastic

플라스틱(Plastic)종류 및 특성

플라스틱(Plastic)의 특징

장점으로는 플라스틱은 비중이 0.9~2.0 정도로 구조물의 경량화가 가능한 재료로서 강도는 높은 편이고 가공, 성형이 가능하여 기구류, 판류, 시트, 파이프 등의 성형품, 실 또는 포상품을 만드는 데 많이 쓰인다. 또한, 내수성, 내투습성이 우수하여 구조물의 방수 피막제로 사용되며 산, 알칼리, 염류, 가스 등에 대한 저항, 부식성이 우수하다. 일반적으로 투명 또는 백색물질로서 안료, 염료 등으로 다양하게 착색이 가능하다. 그리고 상호 간 접착이 잘 되며 금속, 콘크리트, 목재, 유리 등의 다른 재료와도 접착이 우수하고 전기절연성이 양호하여 절연재료로도 사용되고 있다.

단점으로는 구조 재료로서의 압축강도 이외의 강도 및 탄성계수는 작다. 인장강도가 압축강도보다 작기 때문에 이를 보강하기 위해 수지 속에 섬유를 넣어 강화 플라스틱으로 만들어 사용한다. 또한 열에 의한 팽창 수축이 크고 내마모성 및 표면강도가 약하며, 수명이 영구적이어서 폐기 시 파괴되지 않아 환경오염이 될 수 있다.

합성수지(Plastic)의 종류

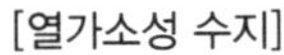

[열가소성 수지]

열가소성 수지는 가열하면 연화 또는 융해하여 가소성 또는 점성이 생기고 이것을 냉각하면 경화하는 재료로서 2차 성형이 가능하고 자유로운 형상으로 성형이 가능하며 투광성이 좋지만, 강도 및 연화점이 낮다는 단점이 있다.

[열경화성 수지]

열경화성 수자는 생성 초기에는 가열에 의해 가소성이 있으므로 성형이 되지만 가열에 따라 중합반응에 의해 가소성을 잃는다. 다시 말하면 고형체로 된 후 가열을 하여도 연화되지 않는 재료로서 강도나 열경화점이 높고 내후성이 우수한편이나, 성형이 불가능하다는 단점이 있다.

08 Plastic
플라스틱(Plastic)종류 및 특성

바닥재

현대에 이르러 비닐계 바닥재가 가장 대중적이며 효율적인 바닥재로 선택되고 있다. 간단하게 분류해보면 재질에 의해서는 크게 천연합성재와 비닐계열로 나눌 수 있고 형식상으로는 장판 스타일의 시트류와 타일류로 나눌 수 있다. 이외에도 콘크리트를 바탕으로 하는 바름 바닥재도 있다. 리놀륨이나 흔히들 말하는 럭스트롱, 골드스트롱, 암스트롱과 같은 제품이 이에 해당하며 크기는 보통 폭 1,830mm, 길이 18~20m, 두께 2~3.2mm 정도이다.

이밖에도 특수한 기능을 요하는 장소에 사용할 수 있는 것으로 미끄럼방지용 시트와 타일제품이 있고 방전용 타일, 계단 전문용 고무재질제품 등을 들 수 있다. 규격은 대부분 300x300mm 혹은 450x450mm이므로 모자이크형의 패턴시공으로 독특한 모양새와 현대적이고 심플한 이미지를 살릴 수 있는 장점이 있다. 이외에도 타일은 물성상 담뱃불에도 별 지장이 없으며 시트와 달리 습기에도 강한 면을 보이고 들뜨는 형상이 시트와 비교하여 드물다.

이외에 타일이 갖는 독특한 장점 중의 하나는 바닥면의 어느 일부가 심하게 훼손되어 교체를 필요로 할 때는 시트는 한 롤 전체를 걷어내어 교체해야하는 반면, 타일은 개개의 장 단위로 교체 할 수 있어 보수유지에 있어서 시간과 비용 및 인력을 절약할 수 있다. 반면 타일은 시트류의 바닥재보다 보행시 소음이 약간 더 발생하고 시트보다 이음매 부분이 훨씬 더 많으므로 이음매를 감추어야 할 장소에서는 적합하지 않으며, 계절별 온도의 변화에 따라 수축과 팽창현상이 일어나 이음매 부분의 틈이 벌어지는 현상에 유의하여야 한다.

[비닐타일 (Vinyl Tile)]

비닐타일은 아스팔트, 합성수지, 석면, 광물분말, 안료 등을 혼합 가열하여 시트형으로 만들어 30cm 각 정도로 절단한 판상제품을 말하며, 일명 P-타일 이라고 한다. 고강도의 PVC로 제조되어 내구성, 내화학성, 내마열성이 우수하고 천연석, 자연석, 목재무늬의 색상을 그대로 재현하고 있어서 인테리어 실내 마감재로서 교육시설, 상업공간, 의료시설, 숙박시설, 주택, 사무실 등의 바닥재로 그 사용이 급증하고 있다. 일반적으로 두께 2~3.2mm, 크기는 300x300mm, 450x450mm, 100x920mm, 75x910mm이며 제품마다 약간씩 차이가 있다. 데코타일, VIP타일, 패션타일, 아트타일, 디럭스타일, 패션우드타일 등 여러 제품들이 시판되고 있다.

[전도성 타일]

전도성 타일은 접촉 시 발생하는 정전기를 신속하게 제거하여 정전기 발생으로 인한 인체의 피해, 전자기기 작동 방해, 폭발 등을 방지해 주는 특수한 타일로서 전도성, 난연성, 내마모성, 내약품성 등이 우수하다. 반도체, 전기, 전자제품의 생산, 조립 장소, 컴퓨터실, OA기기 및 각종 전산자료 제어실과 통신장비 설치 장소 및 병원 수술실, 방사성 장치, 가연성 마취재 사용장소, 폭발물 제조장, 가연성 가스 취급 장소 등에 쓰인다.

[아스팔트 타일(Asphalt Tile)]

아스팔트와 쿠마론인텐수지를 원료로 하고 석면 기타 충전제와 안료를 혼합하여 착색 열압한 것으로서 두께는 3mm 정도이고, 크기는 30cm x30cm 각이 표준이다. 촉감, 탄력, 미관, 내화학성, 내마멸성이 우수하고 자국이 나도 곧 회복되므로 바닥수장재로 쓰인다. 그러나 내유성이 낮아 취약한 결점이 있다. 상품은 아스타일 등이 있다.

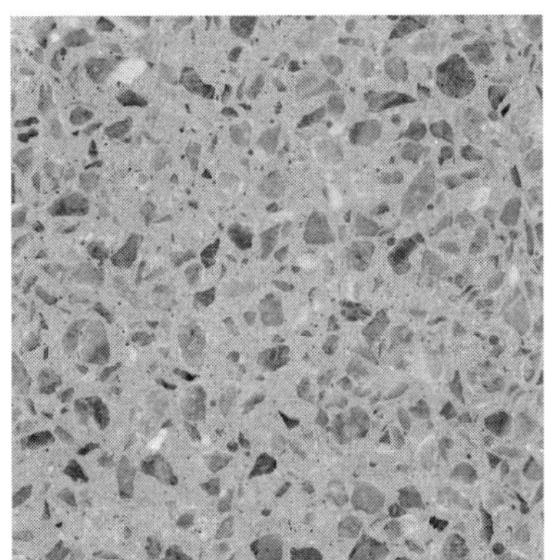

[러버타일(Rubber Tile)]

러버타일은 고무재질의 특성상 시공이 용이하고, 강한 내수성을 지니고 있으면서 보행감이 좋고, 잘 미끄러지지 않으며 보행 소음이 발생하지 않고, 실내,외 모두 시공할 수 있어서 최근 많이 사용되고 있다. 규격은 두께 3mm, 3.5mm, 4mm, 5mm, 6mm, 크기는 500x500mm 규격이 나오고 있고 그 외는 주문생산되고 있다. 이 밖에도 계단 전용 완제품으로는 480x1,200mm, 480x1,500mm, 480x1,800mm이며, 색상은 22가지 정도의 색상으로 나오고 있다.

[콜크타일(Cork Tile)]

코르크판 위에 강력 특수 코팅 처리하여 압축성형한 천연 콜크타일은 내구성, 탄력성, 흡음성, 난연성이 우수하다. 또한, 정전기 방지 효과와 마모성, 방수성, 방음성능을 강화시켜 인조 코르크 벽장식재나 바닥재로 많이 나와 있다. 두께 3.2mm, 크기 300x300mm의 타일형태로 주택, 사무실, 유치원 등에서 사용한다.

08 Plastic
플라스틱(Plastic)종류 및 특성

마모륨(Marmoleum)

시트(Sheet)류

장판류인 시트는 나름대로 몇 가지 특징을 가지고 있다. 가장 큰 장점으로 꼽히는 것은 타일에 비해 그 형태상 이음매를 적게 가지고 있어서 이음매에 누적되는 먼지나 때 등으로 인한 오염을 방지할 수 있다는 것이다. 또한 뒷면의 재질이 특수종이층 또는 발포층으로 되어 있어서 보행 시 감각이나 소음이 타일에 비해 적으며 커팅 등으로 다양한 무늬나 색상을 배합하기가 타일보다 용이하다. 일부의 몇 가지를 제외한 대부분의 상업용 시트류의 경우 뒷면이 특수종이 층으로 되어 있다. 아유는 많은 경우의 직접 시공 면인 콘크리트가 사실상 완벽하게 건조되기 힘들기 때문에 어느 정도의 습기를 갖고 있는 상태이므로 습기가 콘크리트와 바닥 마감면의 사이로 올라와서 비닐바닥재의 뒷면에 스며들게 된다. 따라서 습기가 있는 지역이나 지표면보다 아래에 있는 지하층의 경우 뒷면이 발포층이거나 뒷면이 없는 시트류는 습기가 없는 곳이나 지표면보다 높은 지역에 사용하는 것이 적합하다. 특히 상업용 시트류의 시공은 보통 전면 접착에 의한 방법과 가장자리와 이음매 부분만 접착하는 부분 접착방식 그리고 이를 혼합하여 이음매 중앙부분에서 양쪽 10cm 정도를 특수한 화학작용으로 매우 단단히 굳게 하는 접착제를 이용하여 시공하고, 나머지 부분은 보통 접착제를 이용하는 세큐라본드 방식을 사용해야 한다.

[비닐시트(Polyvinyl Chloride Sheet)]

비닐시트류 바닥재는 염화비닐과 초산비닐 등을 원료로 하여 석면 등을 충진제로 쓰고 안료를 착색하여 열압 성형한 시트로서 폭 90cm, 두께 2.5mm 이하의 두루마리형으로 되어 있으며 우드륨, 럭스트롱, 노브롱, 골드륨, 컬러륨, 모노륨, 한지장판 등의 상품들이 사용되고 있다.

[비닐코르크 시트(Vinyl Cork Sheet)]

코르크판 위에 0.5~1mm 두께의 비닐 연질막을 씌운 것과 코르크 분말을 충전제로 한 비닐판의 2종이 있다. 탄력성, 방화성, 단열성, 방습성, 흡음성, 방진성, 내보행성과 적당한 흡축성이 있어서 온돌마루 표면재로도 적합하다.

[마모륨(Marmoleum)]

탄력성, 방음성, 내구성, 내충격성 등이 우수하고, 정전기가 발생하지 않아서 암센터, 심장센터 등 특수 의료시설에도 쓰이고 있으며 천연소재로서, 화재 시 유독가스가 발생하지 않고 자연살균력이 있어 박테리아 번식이 억제되기 때문에 그 활용도가 많다. 주로 병원, 박물관, 미술관, 백화점, 휴양시설, 아파트, 금융기관, 전동차, 학교, 호텔, 사무실 등에서 많이 사용되고 있다. 마모륨의 규격은 두께 2.0mm, 2.5mm, 3.2mm, 길이는 32m까지 나온다.

[바리솔(Barrisol)]

바리솔 시트는 두께 0.15~0.18mm의 특수비닐로 만든 천장 마감재료로서 유광, 무광, 메탈, 세무, 타공 등의 마감효과가 다양 하며 누수방지가 되며 기존 천장을 철거하지 않고 바로 시공이 가능하기 때문에 시공기간이 짧아서 경제적이다. 또한 인장력이 매우 강하여 견고하게 벽마감이 되어야 한다. 벽면의 소지 바탕이 석재, 타일, 합판, 석고보드 등 거의 모든 면에 마감이 가능하다. 대부분 실내 수영장, 헬스클럽, 회의실, 공공빌딩, 호텔, 주택, 사무공간 등에 폭넓게 사용되고 있다.

08

Plastic

플라스틱(Plastic)종류 및 특성

레더 및 필름(Leather & Film)류

—

[인테리어 필름(Interior Film)]

인테리어 필름은 소재가 염화비닐로서 특수 가공한 필름에 첨단 인쇄기술을 이용하여 천연가죽, 금속, 목재 등의 다양한 패턴과 무늬, 컬러, 질감을 표현한 것으로 내수성, 내습성, 내마모성, 내열성, 내오염성, 내화학성, 내약품성이 우수하고 소재바탕은 스틸, 알루미늄, 보드류 등 다양한 재질로 사용이 가능할 뿐 아니라 시공이 간편하고 경제적이다. 그 용도는 호텔, 은행, 사무실, 병원, 엘리베이터, 욕실, 주방 등의 가구, 천장, 기둥 등에 사용한다.

[비닐레더(Vinyl Leather)]

인조가죽 또는 합성 피혁은 염화비닐에 가소제를 넣어 잘 이겨서 안료와 안정제를 혼합하여 만든 것으로 색채, 모양, 무늬를 자유롭게 할 수 있고 표면이 진짜 가죽과 거의 구분할 수 없을 정도이며 두께는 0.5~1mm, 길이는 10m/roll로 만든다.

비닐레더(Vinyl Leather)

판상제품

[폴리에스텔 치장판]
(Polyester Decorated Board)

합판, 하드보드 등의 표면에 0.5~1mm 두께의 폴리에스테르 수지 피막을 입힌 넓은 판으로 바탕에 색채나 무늬 등을 투영시켜 의장효과를 낼 수 있다.

[멜라민 치장판]
(Melamin Board)

두꺼운 종이에 페놀수지를 침투시켜 부착시킨 바탕에 색종이나 나무무늬판 등을 붙이고 멜라민 수지를 침투시킬 종이를 씌우고 140℃에서 100kg/㎠의 압력을 가하여 성형한 판이다.

+고압 멜라민 화장판(HPM)
HPM은 합판이나 MDF의 규격과 동일하게 생산된다. 미려한 외관과 우수한 경도의 장점 외에도 열원을 이용하여 오목, 볼록 가공을 하여 결합 부위의 노출을 방지하고 곡면가공이 가능하다는 장점이 있다. 주로 주방가구, 사무용가구 등에 사용된다.

+저압 멜라민 화장판 (LPM)
LPM은 HPM과 달리 두께가 얇고 별도의 접착제 없이 고온열압에 의해 모양지에 함침되어 있던 수지가 용출되고 자착에 의해 접착이 된다. LPM은 소재의 저렴한 가격과 가공의 용이, 다양한 패턴으로 가구의 내외장재로 많이 사용한다. 규격은 1,200X2,400mm sheet로 되어 있다.

08 Plastic

플라스틱(Plastic)종류 및 특성

[아크릴(Acryl)]

유리의 대용품으로 많이 사용되는 플라스틱으로 아크릴은 착색 반투명한 투명판 등이 있으며 인테리어, 디스플레이어용은 얇은 판이 쓰이며 집기류 등은 주로 후판이 사용되고 있다.

[염화비닐판(Polyvinyl Chloride Board)]

수지원료를 가열하여 롤러를 통하여 투명평판, 착색골판, 불투명평판, 무늬판, 골판 등으로 만들 수 있다. 불투명판은 석면 등의 충전재를 혼합하여 만드는 경우가 많다.

[화이버 글래스(Fiber Glass)]

폴리에스터 등에 유리섬유를 짜넣어 보다 강화시킨 플라스틱이다. 유리섬유로 강화된 플라스틱으로 찰스 에임스가 디자인한 굴곡이 심한 조가비 모양의 안락의자는 그 대표적 사용 예이다.

염화비닐판(Polyvinyl Chloride Board)

[우드 폼(Wood Foam)]

우드폼은 플라스틱과 목재의 장점만을 표면에 살린 강 도, 내후성, 단열, 흡음성이 우수한 PVC발포 제품으로 가볍과, 실크스크린 인쇄 및 절단, 접착, 결합, 성형 등 가공성이 우수하며 난열성, 절연성이 우수하다. 주로 광고선전물, 표지판, 안내판 등에 많이 사용되고 있다.

[폴리에스터(Polyester)]

이 플라스틱은 표면이 뛰어나게 견고하며 강력하다. 얇은 판이나 몰딩으로 여러 가지 재료를 보강하기 위해 이용된다. 유리섬유와 함께 화이버 글래스를 만들어 강화된 플라스틱으로 투명한 지붕, 보트의 선체, 자동차의 차체, 가구제품 등에 사용된다.

기타 플라스틱 제품

[PVC 강화 복합수지 패널]

표면 색상이 아름답고 난연효과가 탁월하며 별도의 마감재가 필요없기 때문에 경제적이며, 시공이 간편하고 유지관리가 쉬워 욕실, 주방, 사우나, 수영장, 사무실 등의 천장과 벽에 사용되고 있다.

[메탈컬러(Metal Color) 제품]

알루미늄과 플라스틱의 복합체루 플라스틱 위에 금속박판 도금을 한 것으로 몰딩, 걸레받이, 판재, 연결코너 등의 제품이 있다.

+ 메탈컬러 몰딩

홈, 평면, 코너, 기둥에 마감재료로 사용하며 문, 장식, 집기, 간판 등 광범위하게 그 활용 범위가 넓다.

PVC 강화 복합수지 패털

메탈컬러(Metal Color)

Chapter.9

CARPET

09 Carpet
카페트(Carpet)란?

카페트(Carpet)란?

—

카페트란 양털, 레이온, 아크릴 등으로 짠 바닥깔기 재료로 촉감이 좋고 흡음성과 보온효과가 우수하다. 색채와 무늬가 아름다워 고급 마감재료로 사용한다. 카페트는 천연의 양모와 실크, 천연염료를 사용하여 손으로 짠 수직물과 아크릴사, 나일론, 합성섬유, 화학염료를 사용하여 기계로 짠 기계직으로 분류되며, 양탄자 또는 융단이라고도 한다. 카페트는 바닥면 전체나 넓은 부분에 까는 것을 말하며, 일부분에 까는 것을 러그라고한다. 카페트의 형태는 시트가 일반적이나 근래에는 타일의 형태로도 생산되어 교체하기 쉽게 개발되었다. 섬유의 종류, 색, 질감, 직조 방법에 따라, 제품이 다양하여 선택의 범위가 넓다. 카페트는 천연섬유(모, 면, 마, 비단)나 화학합성섬유(나일론, 아크릴, 레이온, 폴리프로필렌 등)로 직조된다.

09

Carpet
카페트(Carpet)의 역사

카페트(Carpet)의 역사

카페트는 중앙아시아를 중심으로 시작하여 확대되었으며 페르시아, 인도, 중국 등에서 독특한 제조법과 문양을 발달시켰다. 카페트에는 여러 가지 무늬와 심벌이 있고, 민족 특유의 상징적인 것이 사용되어 왔는데 그것은 식물, 아름다운 꽃, 동물, 종교적인 것, 구름, 물방울무늬, 태양, 자연 등이다. 또한 기술은 중앙아시아에서 고안되어 서아시아에서 발달하여 그 제조법은 전 세계로 전파되었으나 호화스러운 카페트는 귀족들의 소유물이었고 서민들은 소박한 직물로 바닥에 깔거나 창문에 걸거나 말의 안장으로 쓰거나 종교적으로 사용하였다.

세계의 대표적인 카페트로는 페르시아카페트, 터키카페트, 인도카페트, 파키스탄카페트, 코카서스 · 투르크 맨 카페트, 중국카페트 등이 있다.

카페트(Carpet)의 특징

카페트는 다른 어떤 재료와도 견줄 수 없는 편안함과 휴식을 제공한다. 목재나 석재에 비해 내구성은 떨어지나 부드럽고 따뜻한 촉감이 장점이며 방음효과도 뛰어나다.심리적으로도 시각적으로도 따뜻하고 온화하며 우아한 분위기를 자아내며 흡음효과가 있으며 탄력성이 높고 촉감이 매우 좋으며 물건 파손에도 안전하다. 시공 또한 간단하여 다른 것으로 교체하기도 쉽다. 단점으로는 먼지, 흙 등에 의해 오염되기 쉬우므로 세심한 관리, 청소가 필요하다

카페트(Carpet)의 기능

카페트는 색채, 패턴, 질감이 다양하며 실내 이미지를 높여준다. 카페트에는 다양한 종류가 있고, 각각 다른 목적과 용도를 가지고 있다. 카페트 마감은 거주성이 좋아지고, 발의 피로도가 감소하고 보행성이 좋아지며 보온효과나 음향효과가 높아지고 장식면에서도 매우 활용도가높다. 카페트의 품질 성능은 파일 소재의 종류나 길이, 짜넣기 밀도, 제도법 등이 중요하며 이러한 요인은 내구성, 내마모성, 정전기 문제, 퇴색성, 보온성, 음향성 등에 영향을 준다.

09 Carpet
카페트(Carpet)의 종류 및 특징

카페트(Carpet)의 종류

[타일 카페트]

카페트 타일은 카페트를 500x500mm 정방형으로 정밀 재단하여 타일 향태로 만든 시스템 카펫을 말한다. 일반 카페트 시공 시 단점인 취급, 유지관리, 보수의 번거로움, 패턴의 단조로움, 습기에 약한 면을 보완하였으며 탄력성, 대전성, 내구성, 방염성, 방음성을 그대로 유지하고 서로 다른 색상을 보완하여 디자인 및 배색의 자유로움으로 패션화, 다양화를 연출한다.

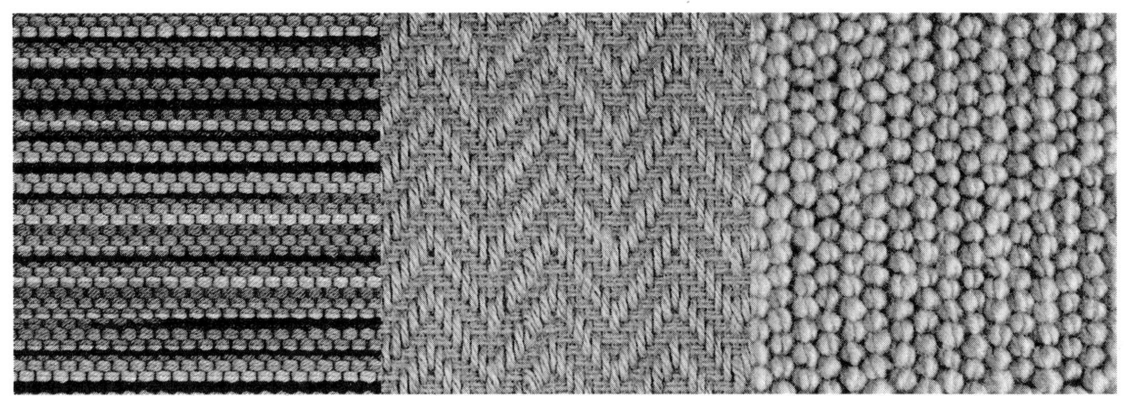

[울 카페트]

울 카페트는 내구성이 좋고 불이 잘 붙지 않으며 물, 먼지, 구겨짐에 강해 가정용으로 적합하다. 다양한 색상과 파일 방식 중에서 선택 가능하고 실용적이어서 현대적인 인테리어와 실용적인 인테리어에 모두 사용할 수 있다.

[기타 카페트]

지구에서 얻을 수 있는 재생 가능한 섬유로 만들어진 내추럴 매트는 매우 다양한 텍스처로 생산되고 있으며 적당한 가격과 내구성이 좋고 정전길ㄹ 일으키지 않아서 바닥재 로 많이 쓰이고 있다. 하드한 바닥 위에 각종 러그를 사용하면 실내 가구 등과 매우 잘 어울리며 맨발에 닿는 느낌 또한 좋으며 이러한 제품들이 다양한 텍스처와 형태로 제작, 생산되고 있다.

09

Carpet
카페트(Carpet)의 종류 및 특징

제조법에 의한 분류

[수직 카페트]

단통은 카페트 중에서 가장 호화롭고 품위가 있으며 감촉이 부드러워 품질이 최상급이다. 미리 방안지에 그려두고 그 모양에 따라 색별로 파일사를 짜넣어 무늬를 만든다. 단통의 패턴은 산지별로 특징이 있으나 일반적으로 꽃 모양과 생산지의 문화를 표현하는 디자인이 주를 이룬다. 페르시아산, 터키산 등이 유명하며 중국산, 스페인산 등이 수입되어 판매되고 있다.

[액스민스터 카페트]

윌튼 카페트와 같이 액스민스터 카페트도 영국 지방의 액스민스터라는 지명에서 유래한 명칭이다. 19세기 후반 미국의 하르시온 스키너라는 사람이 수십색의 실을 사용하여 자유로이 모양을 만드는 기계를 발명했는데, 이 직기를 도입한 액스민스터가 다채로운 색상의 특색 있는 카페트를 만들어 현재에 이르고 있다.

[윌튼 카페트]

18세기 말 영국의 윌튼이란 마을에서 처음 만들어진 카페트로 현재는 윌튼이란 말 자체가 고급 카페트를 대표하는 용어로 사용되고 있다. 윌튼 카페트는 기계직 중에서 가장 튼튼하고 내구성이 우수하다.

[터프테드 카페트]

바탕 천에 미싱 바늘로 파일사를 자수하여 만든 것으로, 제조법이 간단하여 대량생산이 가능해 가격이 저렴하다. 가장 일반적인 제품으로 미국에서 1963년경부터 만들어지기 시작하여 사용되고 있는 대표적인 카페트이다.

[타일 카페트]

일반 카페트의 장점인 탄력성, 내구성, 방염성, 흡음성 등은 그대로 유지하고, 단점인 유지 관리 및 보수의 어려움을 보완한 것으로 레이아웃의 변경이나 부분적으로 오염이 됐을 경우 카페트를 떼어내거나 다시 까는 작업이 용이하다.

[니들 펀치 카페트]

펠트상의 부직 카페트로 가격이 매우 저렴하다. 펠트섬유를 바늘에 꿰어 바탕 천에 감아 펠트상으로 압축 성형하여 만든 것으로 탄력성은 없으나 마찰에 강하다.

09 Carpet
카페트(Carpet)의 시공방법

카페트(Carpet) 깔기

카페트는 그 종류에 따라 공간 스케일, 공간 볼륨, 공간 표정이 각각 다르게 만들어지기 때문에 색상, 모양, 질감에 주의를 기울이고 벽과 가구와의 연계성에도 신경을 써야 한다.

[그리퍼 공법]

가장 일반적인 공법으로 주변 바닥에 목재 그리퍼를 설치하여 이것에 카페트를 고정하는 공법이다. 25mmx7mm의 그리퍼에서 위쪽으로 나와 있는 핀에 카페트를 감고 벽에 붙은 홈에 그 끝을 끼워 고정한다.

[못박기 공법]

벽 주변을 따라 카페트를 30mm 전 후 꺾어 넣고 롤러로 끌어당기면서 못을 박아 고정하는 공법이다

[직접붙이기 공법]

콘크리트 바닥에 접착제를 도포하고 카페트를 바닥 콘크리트면에 붙이는 공법으로 오피스 빌딩, 병원 등의 무거운 보행 공간에 많이 이용되고 있다.

[필업 공법]

발포고무 등 쿠션재료를 안대기한 카페트에 알맞은 공법으로 카페트가 오래되었을 때 깨끗이 벗겨내기 쉽다.

타일 카페트(Tile Carpet) 깔기

1. 방의 네 귀퉁이나 출입구 부분에 너무 작은 타일 카페트가 들어가지 않도록 배려하여 분할한다. 분할선은 중앙 부근에서부터 벽면을 향하여 정직각으로 하여 방을 4등분한다.

2. 소정의 고무계 접착제를 전면에 도포한다. 일반적으로 보통 전착제의 1/5~1/3정도의 소량을 사용하며 접착제가 반투명이 된 다음에 붙인다.

3. 분할선을 따라 중앙부에서부터 붙이기 시작한다. 그때 뒷면의 화살표시를 이용하여 파일 방향을 확인하면서 시공한다.

4. 뒷면에서부터 자르는 것이 쉽고 깨끗하게 마감되지만 파일이 짧은 루프 상태에 한해서는 표면에서 자르는 것도 무방하다.

Chapter.10

CURTAIN &BLIND

10 Curtain & Blind

커튼 & 블라인드(Curtain & Blind)란?

커튼 & 블라인드(Curtain & Blind)란?

—

커튼 및 블라인드는 외부로부터의 시선 차단 및 빛과 열을 융통성 있게 조절하며, 실내에 풍부한 표정을 부여하는 기능을 갖는 것으로 일광 조절장치라고도 한다. 세분하면 커튼, 블라인드, 셰이드로 구분할 수 있다. 커튼은 실내장식 및 연출에 있어서 아주 중요한 요소이며, 외부로부터의 시선차단, 빛과 열의 조절, 보온과 흡음의 효과를 얻을 수 있다. 직물류의 커튼은 카페트와 같이 소방법 시행령에 의한 방염 처리 대상에 속하는 재료이므로 관련 법규를 필히 검토한 후 사용해야 한다. 내장재 중에서 섬유로 만들어진 모든 직물(커튼, 카페트, 테이블 크로스, 테피스트리 등)을 통상 인테리어 패브릭 이라고 부르는데 커튼은 이들 중 대표적인 것이다.

10 Curtain & Blind
커튼(Curtain)의 종류 및 특성

커튼(Curtain)의 특성

커튼은 여러 가지 기능을 갖고 있다. 광선 조절 및 시선 차단 또는 건물 내 외부의 열의 이동을 방지하고 소음 등을 차단한다. 또 형태와 기능에 따라 드레이프 커튼, 레이스 커튼, 레이스먼트, 프린트커튼 등이 있으며 최근에는 윈도 트리트먼트라는 형태로 여러 가지 스타일의 것이 있지만 바탕 천 선택, 스타일 선택이 디자인의 주요포인트라 할 수 있다.

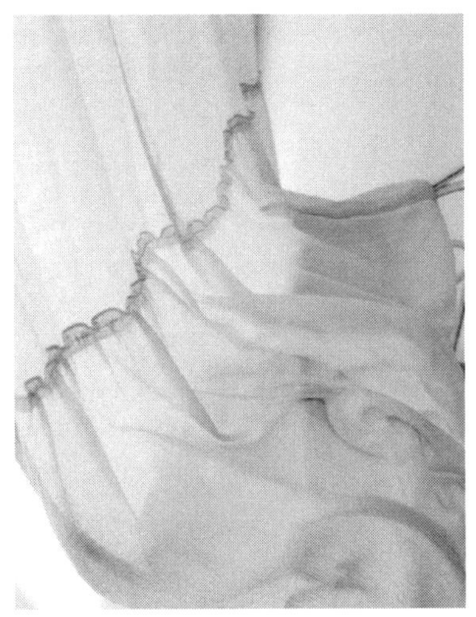

커튼(Curtain)의 소재

[면] 천연섬유로 질기며 가격이 저렴하지만 물세탁과 염소표백은 불가능하다. 주로 프린트 커튼용으로 사용한다.

[마] 질기고 심이 강하지만 구겨지기 쉽다. 주로 케이스먼트 커튼용으로 사용한다.

[레이온] 드레이프 커튼용으로 사용하며 천연섬유와 비슷하고 가격이 저렴하다. 물세탁과 염색, 표백은 불가능하다.

[폴리에스테르] 레이스 커튼지로 적합하며 질기고 치수의 안정성이 있다. 물세탁이나 드라이크리닝이 가능하다.

[아크릴] 가볍고 보온성이 좋다. 주로 케이스먼트 커튼이나 프린트 커튼용으로 사용한다.

10 Curtain & Blind
커튼(Curtain)의 종류 및 특성

커튼(Curtain)의 구성

[커튼의 본체]
커튼 자체를 의미하며 한 겹 달기와 두 겹 달기로 구분한다. 한 겹 달기는 레이스 커튼과 프린트 커튼을 단독으로 다는 경우로 차광이 필요하지 않은 곳에 사용한다. 두 겹 달기는 레이스 커튼을 병용하여 다는 경우로 차광과 채광을 겸할 수 있다는 장점이 있다.

[밸런스]
커튼 레일을 가리고 커튼의 장식성을 더욱 풍부하게 하는 것으로, 밸런스에서는 커튼과 동일한 주름을 잡은 주름 밸런스, 바탕 천을 평평하게 두고 하단에 요철을 주거나 장식을 다는 플랫 밸런스, 궁전풍의 드레이프 밸런스 등 3가지 종류가 있다.

[커튼 레일 및 부속품]
+기능 레일
일반적으로 보급되어 널리 사용되고 있는 레일로 단면 모양에 따라 I식,C식,D식,L식으로 구분하며 각 형식에 맞는 러너(레일을 미끄러지는 바퀴), 스토퍼(레일의 양단을 막거나 러너를 멈추게 하는 장치), 브래킷(레일을 벽에 고정하는 부속품), 후크(커튼을 달 때 커튼지에 부착하는 고리)로 구성된다.
+장식레일
클래식 타입이 주를 이루며 1개의 봉으로 된 것이 많다. 종류로는 목재 환봉, 알루미늄 환봉, 알루미늄 각봉 등이 있다. 한 겹 달기일 때는 장식 레일 1개를 사용하지만 두 겹 달기일 때는 기능 레일을 바깥쪽에 사용하고 장식 레일을 장식 쪽에 사용한다.
+커튼 액세서리
태슬 및 홀더 : 커튼을 좌우로 끌어모아 술걸이에 고정하기 위한 것으로 커튼과 같은 천으로 만들거나 기성품을 사용한다.

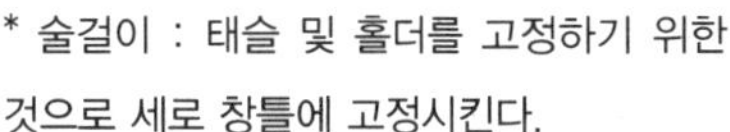
* 술걸이 : 태슬 및 홀더를 고정하기 위한 것으로 세로 창틀에 고정시킨다.

* 트림 : 커튼 및 밸런스 등에 악센트를 주기 위한 테두리 및 끝단의 장식으로 방울이 달린 것, 술을 붙인 JT 등 종류가 다양하다.

10 Curtain & Blind
커튼(Curtain)의 종류 및 특성

커튼(Curtain)의 종류

—

[드레이프 커튼 Drape Curtain]
두껍고 중량감이 있는 커튼을 듣레이프 커튼이라고 한다. 평직, 능직, 수자직을 기본으로 하는 것으로 천이 지닌 광택이나 특색이 있으며 짜임새가 치밀하다. 통기성은 적으나 차광, 방음, 보온성이 우수하다.

[레이스 커튼 Lace Curtain]
가는 합섬사를 이용하여 얇게 짠 것으로 커튼 중에서 가장 통기성이 크고 빛을 확산시키며, 외부로부터의 시선 차단 효과도 크다. 단독으로 사용하는 경우는 거의 없고 다른 커튼과 함께 다는 경우가 많다. 일반적으로 바깥쪽에 레이스 커튼을 달고 안쪽에 드레이프 커튼을 단다.

[케이스먼트 커튼 Casement Curtain]
드레이프와 레이스의 중간형으로 일반적으로 한 겹으로 달며, 장식성이 풍부하고 약간의 투시성이 있으면서 실내의 프라이버시도 확보할 수 있다. 사계절 구분 없이 사용할 수 있으며 현대적인 감각이 요구되는 공간에 잘 어울린다.

[프린트 커튼 Print Curtain]
면, 아크릴계 및 레이온 등의 바탕 천에 추상적인 무늬나 나뭇잎 등을 프린트 한 것으로 보통 커튼과 롤 스크린용으로 사용한다.

[선염 커튼]
직조하기 전에 울, 면, 폴리염화비닐 등의 원모 또는 실의 단계에서 염색한 후 제조한 커튼으로 주로 드레이프 커튼용으로 사용한다.

[후염 커튼]
무지 또는 무늬 직물을 염색한 것으로 캘리코, 포폴린과 같은 얇은 천을 비롯하여 도비, 자카드 등 거의 모든 직물에 사용된다.

[로만 셰이드 Roman Shade]
이름 그대로 아랫부분이 풍선처럼 부풀어 있는 우아한 셰이드이다. 소재에 따라 주름과 풍선의 곡선이 달라지며 다양한 이미지의 연출이 가능하다. 상향에서 들어오는 직사광선을 자유자재로 조절할 수 있게 조절 장치가 되어 있으며 보통 부드러운 천을 사용하는데 너무 두꺼우면 들어 올리기가 어렵다.

[패널 커튼 Panel Curtain]
세로로 긴 천을 한 장의 스크린으로 하여 좌우 슬라이드 식으로 개폐시킨다. 가장 심플한 커튼으로 색이나 무늬를 잘 선택해야 한다.

[라탄 셰이드 Rattan Shade]
로만 셰이드나 롤러 블라인드의 개폐기구를 발에 붙인 것으로 소재는 기후, 풍토에 따라 여러 가지로 사용한다.

[발]
우리나라 전래의 용품으로 대나무, 갈대, 종이, 천 등의 여러 소재로 주로 여름에 사용하고 직사광선을 완화시키며 통풍성이 좋다.

[암막]
침실이나 영사실 등의 빛을 차단하기 위한 커튼으로 보통 드레이프 커튼에 검은 천을 대거나 천 안쪽에 폴리우레탄 또는 아크릴수지를 코팅하여 만든다. 차광 커튼이라고도 한다.

10 Curtain & Blind
커튼(Curtain)의 종류 및 특성

드레이프 커튼(Drape Curtain)

레이스 커튼(Lace Curtain)

프린트 커튼(Print Curtain)

암막

패널 커튼(Panel Curtain)

로만 셰이드(Roman Shade)

10 Curtain & Blind
블라인드(Blind)의 종류 및 특성

블라인드(Blind)의 종류

—

슬랫(SLAT:날개)의 각도를 조절하여 빛의 양 및 조망, 시선 차단 정도를 조절할 수 있는 가리개로 수평, 수직 블라인드가 있다.

[베네시안 블라인드 Venetian Blind]
수평의 날개를 각도 조절하여 광선이나 통풍을 조절시킬 수 있으며 최근에는 허니콤공법으로 제작된 섬유재질의 블라인드가 시판되고 있는데 허니콤 내부의 공기층으로 인하여 보온, 단열효과를 준다.

[버티컬 블라인드 Vertical Blind]
버티컬 블라인드는 날개가 세로로 늘어선 것으로 주로 내형창에 많이 사용하며 180˚ 회전하는 루버가 세로로 달려 있다. 좌우로 여닫으므로 출입구에도 가능하며 광선 조절 능력이 우수하다. 날개의 소재가 직물 종류의 면사가 많이 사용되며 날개가 파손되면 그 부분만 교환할 수 있는 장점이 있다.

[롤 블라인드 Roll Blind]
롤 블라인드는 회전 주동기구를 사용하여 스크린을 개폐하는 것으로 롤스크린이라고 말한다. 장소에 따라서는 커튼과 병용하거나 간단한 칸막이로 사용하며 다양한 천의 패턴에 따라 실내를 경쾌하게 한다. 위에서 비치는 직사광선을 효과적으로 차단하며 상 · 하 높이와 채광을 자유로이 조정할 수 있어서 사무실, 가정(어린이방, 욕실 등) 공간에 적합하다.

10 Curtain & Blind
블라인드(Blind)의 종류 및 특성

버티컬 블라인드(Vertical Blind)

베네시안 블라인드(Venetian Blind)

롤 블라인드 (Roll Blind)

1. 실내건축재료학_서승하외 광문각, 2001

2. 실내건축재료학_윤영선외 광문각, 2002

3. 실내건축재료_김국연외 도서출판서우, 2007

4. 실내의 구성재와 마감재_노정호외 도서출판국제, 2000

5. 실내재료시공학_양우창외 기문당, 1996

6. 최신건축재료학_조준형외 기문당, 2003

7. 실내건축재료학_임궁환외 도서출판서우, 2007

8. 가구디자인_김국선외 광문각, 2007

9. 건축재료학_최준오외 도서출판서우, 2002

10. 건축설비_ 김정수외 광문각, 2000

11. Materials_Ceramic in Architecture Rockport Publisher, 2003

12. Moulding Assembling Designing_ASCER, 2006

13. 실내건축시공학_김형대 기문당, 2006

14. 인테리어디자인스쿨_임호균역 미진사, 2007

15. Interni & Deco_민병철 인테르니&데코

16. 디자인재료학_임연웅 미진사, 2003

17. 인테리어재료학_김영수역 디자인아카데미, 1996

18. 실내건축시공학_김종원외 도서출판서우, 2003

19. 인테리어디자인_김상권 미진사, 2005

20. 실내건축재료학_김정수외 기문당, 2003

21. 목조건축자료집_김홍식 한국건축문화연구소, 2003

22. 최신건축시공_추영수역 도서출판건설도서, 1997

23. MATERIALS_Chris Lefteri Librero, 2006

24. Designing Public_Micheal Erlhoff Birkhauser, 2007

25. MVRDV_Michele Costanzo Skira, 2007

26. BERLIN_Duane, Phillips Batsford, 2003

27. 실내건축표준시방서_ICC 실내건축공사업협의회, 2005

28. 실내건축설계디테일_ICC 실내건축공사업협의회, 2005

29. Falling Water_ Edgar J.kaufmann, Abbevill Press, 1989

30. Concrete Design_ Sarah Gaventa Octopus Publishing Group, 2001

31. The Surface Texture Book_ Cat Martin Thames & Hudson, 2006

32. 상점건축_ 상점건축 (주) 상점건축

33. Interior Design_ Mark Strauss Interior Design

34. Space_ 이상림 (주) 공간사

35. Interiors_ 박인학 가인디자인그룹

36. 실내디자인구성요소_한영호 형설출판사, 2000

37. Pinterest.co.kr/ post.naver.com / blog.naver.com / google.co.kr

REFERENCE

조형과 재료

PLASTIC AND MATERIAL

2020년 2월 15일 초판 1쇄 인쇄
2020년 2월 21일 초판 1쇄 발행

저 자 | 조 지 연 著
(대림대학교 실내디자인과 교수)

발 행 처 | 도서출판 에듀컨텐츠휴피아
발 행 인 | 李 相 烈
등록번호 | 제2017-000042호 (2002년 1월 9일 신고등록)
주 소 | 서울 광진구 자양로 28길 98
전 화 | (02) 443-6366
팩 스 | (02) 443-6376
e-mail | iknowledge@naver.com
web | http://cafe.naver.com/eduhuepia
만든사람들 | 기획 · 김수아 / 책임편집 · 이진훈 황혜영 이강빈 김정연
디자인 · 유충현 / 영업 · 이순우
I S B N | 978-89-6356-271-1 (93620)
정 가 | 12,000원

* 이 도서의 국립중앙도서관 출판예정도서목록(CIP)은 서지정보유통지원시스템 홈페이지(http://seoji.nl.go.kr)와 국가자료종합목록 구축시스템(http://kolis-net.nl.go.kr)에서 이용하실 수 있습니다.
(CIP제어번호 : CIP2019051579)